DV 中级
短片经典技法

编著 钱威

Video classic techniques

西安交通大学出版社
XI'AN JIAOTONG UNIVERSITY PRESS

图书在版编目(CIP)数据

DV 短片经典技法 / 钱威编著.—西安:西安交通大学出版社,2010.10
ISBN 978-7-5605-3558-6

Ⅰ.①D… Ⅱ.①钱… Ⅲ.①数字控制摄像机—拍摄技术 Ⅳ.①TN948.41

中国版本图书馆 CIP 数据核字(2010)第 099897 号

书　　名	DV 短片经典技法
编　　著	钱　威
责任编辑	何　园
出版发行	西安交通大学出版社 (西安市兴庆南路 10 号　邮政编码 710049)
网　　址	http://www.xjtupress.com
电　　话	(029)82668357　82667874(发行中心) (029)82668315　82669096(总编办)
传　　真	(029)82668280
印　　刷	西安新华印刷厂
开　　本	787mm×1092mm　1/16　印张 12.375　字数 296 千字
版次印次	2010 年 10 月第 1 版　2010 年 10 月第 1 次印刷
书　　号	ISBN 978-7-5605-3558-6 / TN·123
定　　价	49.80 元

读者购书、书店添货、如发现印装质量问题,请与本社发行中心联系、调换。
订购热线:(029)82665248　(029)82665249
投稿热线:(029)82668526
读者信箱:cf_hotreading@163.com

版权所有侵权必究

PREFACE 前言

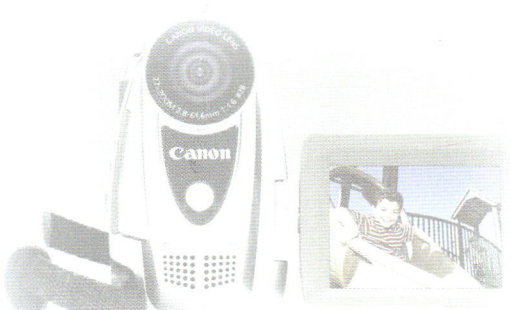

今天，就在现在，工工整整的一厚摞书稿放在我面前的写字台上。望着它，我心头不禁涌起许多滋味：是喜悦，是疲倦，是欣慰，是惆怅？说不清，也许永远也说不清。只觉得自己好像是坐在山坡上的一个建筑师，凝视着亲手设计出来的一片楼；好像孩子呆呆看着和伙伴搭起的积木。是的，望着这些书稿似乎什么也说不出，只是独自静静地沉思……

我在北京传媒大学给学生上课的时候，发现很多学生都倾向于制作一部低成本的长片，而不是制作一部非常实际且极具表现力的短片。

面对这些情况，我觉得有必要从业内人士的视角来写一本书，它的终极目标是如何制作一部短片来吸引电影公司的注意，借以开拓自己的事业。

本书适合于任何想在电影领域大干一番的人。本人认为，你有两种选择：你可以继续用你那可怜的资金去制作一部简陋的长片，希望你能够发现一些打动电影公司职业电影人心弦的东西，或者你可以制定周密的计划制作一部短片，主要目的在于使这部作品成为获取职业机会的名片。

本书采纳了电影制作中所涉及的方方面面实用性的电影制作技能。读完此书后，我希望你有所领悟将这些方法用于短片的制作。如果这样做了，我相信你在电影的舞台上成功的机会会有所增加。

书中所讨论的大多数电影都能在市场上查找到。试着看一看这些片子，你肯定会受益匪浅。本人希望你在阅读本书过程中的领悟，能帮助你打造一份成功的电影事业。愿你能享受书中之乐。

为了方便读者更形象地理解影片制作中的各项重要元素，本书使用了部分电影和图像的截屏画面。因篇幅问题，作者未能一一列出，故特此表示感谢。

三 言

2009 年 12 月 28 日

CONTENTS 目录

前言

第一部分　前期创作

第一章　剧本创作

一、剧本前期创作 …………………… 002
二、剧本的撰写 …………………… 005
三、情节与结构 …………………… 015
四、对白应用 …………………… 026
五、具象与抽象 …………………… 029
六、主旨与思维 …………………… 031
七、影片解析 …………………… 034

第二章　分镜头脚本

一、分解剧本 …………………… 046
二、制作板术语 …………………… 049
三、制作板分解 …………………… 051
四、故事板制作 …………………… 058
五、电影制作基本流程 …………………… 060

第二部分　视听语言

第三章　景别

一、大远景 …………………… 070
二、远景 …………………… 071
三、大全景 …………………… 072
四、全景 …………………… 072

目录

CONTENTS

　　　　　五、中景 …………………………………… 073
　　　　　六、近景 …………………………………… 075
　　　　　七、特写 …………………………………… 075
　　　　　八、大特写镜头 …………………………… 076
　　　　　九、满景镜头 ……………………………… 076
　　　　　十、景别变化因素 ………………………… 077

第四章　空间：二维和三维

　　　　　一、二维空间 ……………………………… 079
　　　　　二、三维空间 ……………………………… 083

第五章　画面构图

　　　　　一、画面的宽高比格式 …………………… 089
　　　　　二、构图的三分法则 ……………………… 090
　　　　　三、镜头画面的构图特点 ………………… 091
　　　　　四、构图形式 ……………………………… 094

第六章　镜头

　　　　　一、基本镜头 ……………………………… 108
　　　　　二、摄像机机位 …………………………… 113
　　　　　三、摄像机运动 …………………………… 116

第七章　镜头角度

　　　　　一、镜头角度的关系 ……………………… 122
　　　　　二、镜头角度的基本功能 ………………… 124
　　　　　三、镜头角度处理 ………………………… 127
　　　　　四、镜头角度的决定因素 ………………… 133

▶▶▶ CONTENTS

目 录

第八章　镜头连贯

一、人物位置连贯 …………………………………… 139
二、方向衔接 ………………………………………… 141
三、时间衔接 ………………………………………… 144

第九章　布光

一、三点式打光法 …………………………………… 146
二、高光照和低光照 ………………………………… 146
三、对比度 …………………………………………… 147
四、光照方向 ………………………………………… 149
五、现实感光与戏剧感光 …………………………… 150
六、光线的区域性和人物运动的体现性 …………… 152
七、光线风格 ………………………………………… 152
八、人物光影造型 …………………………………… 154
九、整体布光设计 …………………………………… 154

第十章　色彩

第十一章　音响

一、现实音响 ………………………………………… 159
二、表现性音响 ……………………………………… 160
三、超现实音响 ……………………………………… 160
四、外部音响 ………………………………………… 161

目录 CONTENTS

第三部分　后期剪辑

第十二章　剪辑

一、普多夫金的五个剪辑技巧 …………………………… 164
二、蒙太奇 ………………………………………………… 167
三、组合剪辑 ……………………………………………… 168
四、场面调度 ……………………………………………… 172
五、交叉剪辑 ……………………………………………… 174
六、分割画面 ……………………………………………… 175
七、叠化 …………………………………………………… 175
八、延长的匹配叠化（时间过渡） ……………………… 176
九、跳切 …………………………………………………… 177
十、场景转换（声音和画面） …………………………… 178
十一、场景内的时间变化 ………………………………… 182
十二、闪回和闪前 ………………………………………… 183
十三、时间扩展 …………………………………………… 185
十四、时间对比（定调和交叉剪辑） …………………… 185
十五、定格 ………………………………………………… 187
十六、视觉提示 …………………………………………… 188

附录：国际各大短片电影节 ……………………………… 189

第一部分 前期创作

第一章　剧本创作

一、剧本前期创作

不管是拍短片还是电影,都需要一部完整的剧本,而创作剧本的第一项工作就是要拟定剧本大纲。

在一篇文字叙事中能提出故事的脉络、走向、主旨和精神,就是剧本大纲。短片剧本大纲的字数一般在 300~500 字,电影的剧本大纲一般在 1500~3000 字之间。不管其形式和字数如何,剧本大纲最重要的是能呈现故事的精华。成功的剧本大纲,字数只是权宜的考虑,创意才是最关键的部分。

喜欢创作的人,经常会有那种灵光乍现的体验,这些创意在一开始也许只是个点子,它们可能跟故事剧情没有什么关系,但有经验的人决不会放弃这些灵光乍现的讯息,一定会把它们立刻记在笔记本上,最好是能够分类整理。因为现在看起来不起眼的"点子",随着时间的积累以及个人的脑力催化,点子会逐渐拓染出一篇故事结构。也有另一种可能,即将几种点子汇集在一起,形成一篇佳作。

对于大多数人来说,写剧本是相当艰难的。比如写一部九十分钟的电影,必须写上 55~70 张 600 字的稿纸,看似一项大工程。但事实上若能真正了解创作过程,并适当地掌握一些技巧,心中的疑虑自然会迎刃而解。

一个完整的故事情节必须具备起承转合四个要素,即有起因、转折、奋斗、结局,在创作时需要注意:

1. 目标性

剧中人物的目标常常会是一场戏的主轴,如果缺乏预设的目标,剧中人物就会显得平淡无奇。换句话说,目标是一场戏的真正神髓和灵魂。

2. 延伸性

所谓的延展性与追索性就是俗称的环环相扣。就戏剧的原理来言,故事的进展必须建构在延展性中,也就是说戏剧除了严谨的结构之外,必须加上合理的戏剧动力,才能引起观众的趣味,间接地使故事的追索性增强。

3. 冲突

当正反两极的思维碰撞在一起的时候,就会形成冲突。有人将冲突列为戏剧最重要的元素。在许多讲究反结构、反冲突的创作中,极力想在冲突的老路上杀出另一番天地,但仔细研究不难发现,反结构、反冲突的戏剧形态,从某种角度而言确实能做到一定的表现,但其实大部分只是抛弃了表相的外在冲突。

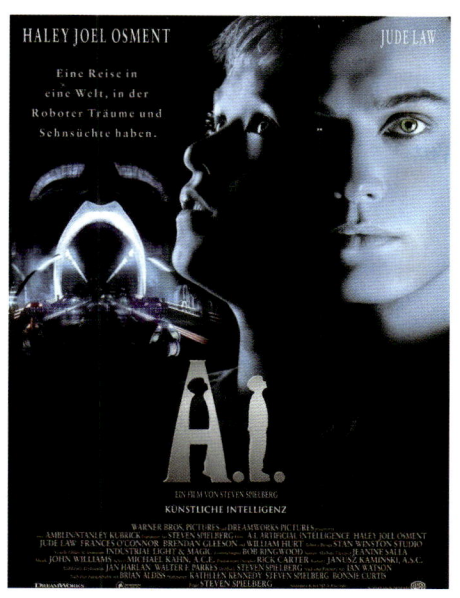

《人工智能》导演:史蒂文·斯皮尔伯格
2001年 美国

所谓的戏剧冲突,绝非单指剧中两极的对立,从心理的角度切入,反倒会有更多的冲突空间。

电影《人工智能》中,因为儿子成为植物人而担心妻子悲伤的丈夫,买了一名机器人小孩回来,原本排斥的妻子慢慢开始接纳这名儿子的时候,亲生儿子却离奇地苏醒过来,于是为了获得爱,两名儿子有了摩擦。这种心境与情境的对立不只牵扯人性低端的心灵思索,更是内在冲突与外在冲突的极致表现。

4. 故事中的趣味性

① 情节的趣味性

观众永远具备好奇与偷窥的心理,在故事进行中必须放置这样的素材才能满足观众的情趣。在小说《银针传奇》中,两名女同学杏子与秋子到某温泉区游览,但因遇雨而住进一家老式旅馆。晚餐后,杏子谈起他的男友一郎不知何故失踪,觉得就算是分手也应该说一声。此时,一名老太婆来敲门,说她无钱返乡,愿以六千元价格出售一支银针。老太婆表示此针大有来头,只要抓一只金龟子,用线绑在它腿上,另一端绑在银针上,然后将银针插在榻榻米上,心中默念着想见的人,在金龟子绕行银针后,线已绕尽之际,想见之人一定出现在眼前。杏子不顾秋子的反对,以六千元价格买下银针,并照老太婆吩咐抓了金龟子,心中默念着一郎的名字。果然金龟子缠腿的线将尽的时候,不远的玄关处就传来男人的脚步声,而线尽之际,男人果然站在纸门外面。杏子正欲开门一探究竟的时候,秋子疯狂地将银针拔起,连同金龟子甩出另一边的纸门外,并凄厉地大喊不可能是一郎,一郎早就死了。门外的黑影也在同一时刻转身离去。在杏子的追问下,秋子才说出她也爱一郎,在一次约他出外谈判的时候,因一郎表示不娶她,一时激愤将他推下悬崖……

这段情节高明之处在于观众始终不知黑影究竟是不是一郎,更无法判断黑影的出现是不是因为银针的神奇。但一切情节的趣味性因悬疑的集中而紧紧扣住观众的心弦,并由一个小道具银针构建出精彩的互动。

电影《记忆碎片》中,主人公在家遭到歹徒的袭击,妻子被残忍地奸杀,自己脑部也受到严重的伤害。醒来后,他发现自己患了罕见的"短期记忆丧失症",他只能记住十几分钟前发生的事情,为了让生活继续下去,更为了替惨死的妻子报仇,他凭借纹身、纸条、宝丽来快照等零碎的小东西,保存记忆,收集线索,展开了艰难的调查。

② 人物的趣味性

剧本的创作中除了事件本身之外,人物也常是追索的题材。剧中人物的喜怒哀乐其实都是观众内心的潜在,有人喜欢把角色二分化,好人犹如神圣,坏人则是十恶不

《记忆碎片》导演:克里斯托弗·诺兰
2000年 法国

赦。这样对应自然容易制造冲突的戏剧效果,但人物性格极易流于平面,如此呆板的人物自然不易引起观众的兴趣。

在电影《我们不是天使》中两位逃犯被误认为神父,这种上帝与魔鬼兼在的人物组合,在善恶的挣扎与互动中,给剧情更多的想象空间。

③ **社会的趣味性**

每个时代都有其特殊的脉动和背景,不管怎样的社会秩序,必然会有两极化的呼应。从敏锐而另类的角度去思索,常会引起一些有趣的议题,或者阐述出当代人处在这个背景下的不安,间接地呈现不平的现象。

连续剧《包青天》虽然是古装戏,却注入了现代人的不安与不平。观众在生活中的委屈与迫害,借着剧中正义的伸张而得以抒解。

《我们不是天使》 导演:尼尔·乔丹
1989年 美国

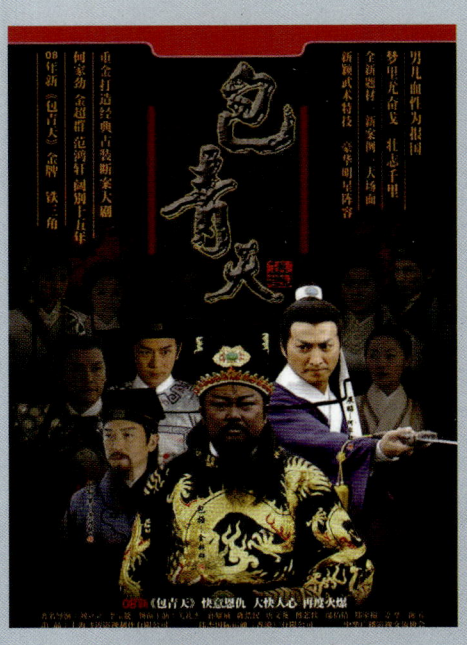

《包青天》导演:刘立立 / 李宝能
2008年 中国

5. 戏剧的格局

故事的结尾常用来判断情节的风格。如果剧中的人物虽然历经磨难,但最终完成愿望,这种被称为喜剧的格局;假如原本就是悲惨命运,虽然努力向上却依然掉入失败的泥沼,这是悲剧的格局。

如果以单一主线来进行或解决一个纠纷,这是单纯格局;若是同时布上多条主线交互进行,剧中人物也必须在反复的纠葛中历练,这种被称为繁复格局。

许多剧情偏重在节奏上的追索,而使得情节咄咄逼人,斗争激烈而紧张,这就是加速格局;若将主线时间加以放大,并将剧情转入事件中加以分析追索,并谨慎地呈现解决的经历,则是迂缓格局。

6. 戏剧性叙事法则

常见的三种叙事法则:顺叙法、倒叙法、杂叙法。

① **顺叙法**

顺叙法是按着故事的起因,以及事情发生的先后,顺序地延展开来。顺叙法的好处是连结的环

顺叙法
《海角7号》
导演：魏德圣 2008年 中国台湾

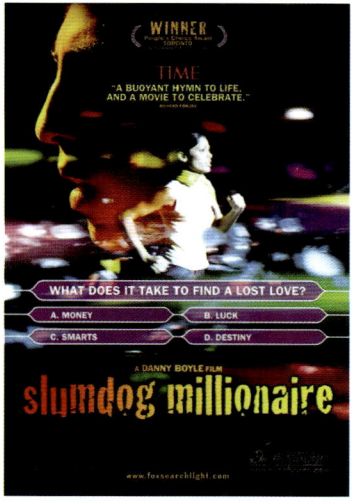
倒叙法
《贫民窟里的百万富翁》
导演：丹尼·博伊尔、洛芙琳·坦丹
2008年 英国

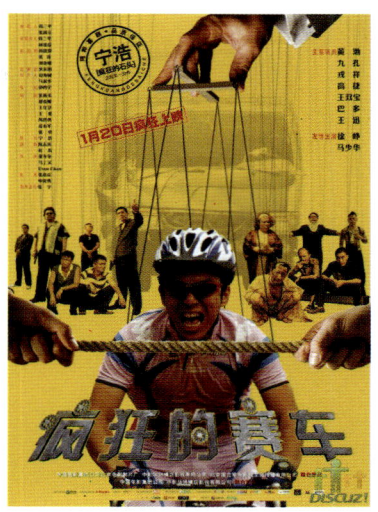
杂叙法
《疯狂的赛车》
导演：宁浩 2009年 中国

扣常使人不自觉地往下欣赏，甚至被情节带动情绪，但前提是环扣要动人，否则容易出现冷场，而使故事魅力全失。

② 倒叙法

倒叙法则是将已发生的结果演出，然后再将剧情回溯到以前，最后再将发生的原因道出。倒叙法分观众参与不参与两种。参与式指观众与剧中人物一样不知道原因与过程，直到剧情结束的时候才真相大白。不参与式指观众早已知道真相，但剧中人却不知晓，观众不参与但却冷静地旁观剧中人物如何完成目标。

③ 杂叙法

杂叙法是或顺或倒、或先或后，甚至在倒叙之中又有倒叙，看似全无章法与秩序，但却能明白地完整呈现。

不管用何种方式来呈现，其实各有其妙用。技巧与分明的诠释会关系一场戏的成败。

二、剧本的撰写

在剧本的撰写中，无论分场大纲还是剧本书写，场次可以用 S 来表示，取英文 scene（一场戏、场面）的前缀。每场戏需要注明场景、地点、时间。在分场大纲与剧本中，常以三角形符号（△）下的叙述来传达一些象征、情绪、意境或镜头语言，这些叙事在剧本的评估中占了相当重要的地位。

文字的叙述有其必然性，但最重要的，是在这些叙述中应尽量呈现具体的影像感，让人看到文字立刻能想象到画面。

在剧本的创作中要有这样的认知，即文字的意识流与画面的具体差异性，要对分场有完整的概念，这里以编剧林正盛在其作品《春成的赔命钱》中描绘的1950年的台湾农村水生一家悲惨生活为例，详列其分场大纲以作为参考。

《春城的赔命钱》分场大纲

序：A　景：车床工厂　时：日
△ 警察老陈介绍好友水生的儿子春成到车床工厂当学徒，乖巧的春成腼腆地望着老板。
△ 老陈拿出利用公保看病开来的药送给春成，以治春成母亲的经年咳嗽。

序：B　景：乡村道路　时：日
老陈与水生载春成一前一后各骑一辆自行车。
△ 路边是被海水浸泡过的旱田，水生与儿子讨论上班后存钱买一辆自行车。
△ 老陈想到派出所还有一辆旧车，修妥后可以骑。
△ 唢呐八音鼓远远传来。

S：1　景：大庙前　时：日
△ 承上一场唢呐八音声。
△ 大庙前举行大拜。水生与村长羡慕蔡连绩的儿子蔡福明在台北赚大钱回乡酬神。春成是庙中池王爷的童子，在庙前挥舞着宝剑。

S：2　景：客运车站、热闹村道　时：日
△ 春成的哥哥春来与同居女子金花坐客运车回来，福明也开轿车回来神气炫耀。
△ 连绩要儿子用轿车替池王爷的轿子开路，使得春来与福明相较之下更显得寒酸。
△ 金花问开车的人是谁，反受春来不悦地责骂，金花无奈地随春来走到老屋。

S：3　景：苏家老屋　时：日
△ 躺在病床上的苏母见大儿子春来带一名女子回来十分高兴，但随后回来的水生听到春来对弟弟春成做童子的事有微词，心中又早就对不上进的春来不悦，因而三言两语父子俩就大吵起来，春来一气之下携金花离去。

S：4　景：田间道路　时：日
△ 春来埋怨父亲怪他在台北当三七仔，金花不悦地表示她虽是风尘女，但无偷无抢有什么见不得人。她提醒春来，苏母咳嗽病重，何以忍心离去。春来有些心酸，但依然倔强地拉金花走向客运站。

S：5　景：客运车站　时：日
△ 春来与金花等车，与正要回家的春成相遇。春来怪弟弟当童子，但春成表示因为他向池王爷许愿希望母亲病情早日痊愈才当童子。
△ 老陈经过，见春来带女朋友回来，高兴地要春来一起回去，春来见弟弟稚气真诚的期待表情，这才又带金花回老屋。

S：6　景：苏家老屋　时：夜
△ 苏母边咳嗽边炒菜，金花欲上前帮忙。
△ 苏母询问金花的工作，金花骗说在工厂上班。
△ 金花送苏母奶粉，苏母对金花很满意。

S:7 景:苏家客厅 时:夜
△ 五人一桌吃饭,老陈喝醉,叙述以前在大陆的风光。水生困惑地追问老陈为何不再娶,老陈反而要水生早日为春来娶媳妇。
△ 春来受不了父亲不屑的目光,径自提酒走出,春成跟上。

S:8 景:崖边堤岸 时:夜
△ 春来在堤岸上喝酒,为了跟哥哥更接近,不喝酒的春成也喝了几口。春成赞赏金花是未来的大嫂,两人谈到小时候春来常带春成做坏事,因此被父亲罚跪到天亮。

S:9 景:苏家厨房 时:夜
△ 金花在厨房帮忙收拾,但不时望向外面堤岸的春来。
△ 苏母要金花去看看春来。

S:10 景:屋边河堤 时:夜
△ 春来借酒力向春成吐苦水,说台北什么都好,只要有钱。他呆在台北是为了等待时机。春来为了表示自己是老大,欲拿钱给春成,发觉口袋没钱,还好金花走来,向金花要了一千元。金花入屋内拿皮包,春成反而将当童子的红包给哥哥。
△ 春来在蛙啼、夜虫声及溪水声中感动不已。

S:11 景:苏家厨房内外 时:晨
△ 苏母为春成做便当,春成叫妈妈不要带太多菜。
△ 金花刚醒,苏母要她到压水井舀水洗面,并叫醒晚起的春来,免得待会父亲又责骂。

S:12 景:房间 时:日
△ 春来赖床,虽不悦,但还是勉强起床。

S:13 景:厨房内外 时:日
△ 金花压水,春来捧水洗脸。
△ 春来看春成喂猪,正巧水生从田里扛了地瓜叶回来,金花打招呼,水生只是嗯了一声。
△ 水生见春成勤劳,又开口叨唠春来,春来愤怒入内。
△ 原本温馨的早晨又变得乌烟瘴气。

S:14 景:田间小路 时:日
△ 春来带金花回台北,春成骑自行车追上。
△ 兄弟二人离情依依,春来要弟弟多照顾父母。

S:15 景:乡村路上 时:日
△ 春成骑自行车遇开轿车按喇叭的福明,福明说本欲载春来和女友一起回台北。没想到春来这么快就离开,说完故作潇洒踩下油门急驰而去。

S:16　景:铁工厂内　时:日
△ 春成在铁工厂内挥汗卖力工作。

S:17　景:庙口　时:日
△ 众人喝茶,连续展示其儿子福明带回来的好茶,众人皆称赞福明会赚钱。
△ 老陈与水生先后路过,连续拜托老陈帮忙借钱,以供其儿子生意周转,但水生以经济困难为由没有答应。

S:18　景:田园杂景、铁工厂、苏家　时:日、夜
△ 春成在工厂画面。
△ 水生在田里忙着。
△ 夜晚春成骑车回家,苏母在编竹篓,痛苦咳嗽着。
△ (日)春成听师傅教导应注意的细节。
△ 农人收成,水生偷偷走来捡一些遗留的小地瓜,偶尔发现地主漏掉的大地瓜,高兴地笑了。

S:19　景:工厂内　时:日
△ 老板发薪水。
△ 众工人取笑春成要加班,起哄要带他去找粉妹,但春成表示他要早点回家。

S:20　景:小溪边　时:日
△ 春成路过溪边,见小孩在捞鱼。
△ 春成加入行列,搬石头挡水。

S:21　景:水井边　时:日
△ 苏母洗水生带回的小地瓜,两人讨论要如何煮。
△ 春成带回一堆鱼,水生建议做成腌鱼拿去卖,贴补家用。

S:22　景:苏家内外　时:夜
△ 水生静静抽烟。
△ 苏母在厨房做腌鱼。
△ 春成在八仙桌前写信给春来,说他不做童子了,晚上要去念高工夜校。

S:23　景:小镇街道　时:日
△ 水生在路边摆摊卖腌鱼,但始终不敢吆喝。
△ 见到村长,送他一条。

S:24　景:暗巷前　时:日
△ 水生在私娼暗巷前,见老陈从暗巷走出。
△ 水生惊讶,连续刚巧走来,误以为水生来逛私娼,水生极力否认,送一条鱼给连续。

S:25 景:派出所内、宿舍内外 时:日
△ 水生在派出所内找不到老陈。
△ 水生到宿舍见着老陈换衣服,正欲拿药去给苏母。
△ 水生干脆将最后一条鱼送给老陈,两人就在宿舍内喝酒。

S:26 景:苏家大厅 时:夜
△ 春成与苏母等不到水生回来吃饭。
△ 春成表示过几天是池王爷生日,欲请老板和同事来吃饭,并表示他期待阿兄早日娶金花。

S:27 景:宿舍内 时:夜
△ 老陈酒后吐真言,说他以前娶了一名年轻妻子,有一天下班回家发现妻子拿了钱跑掉。从此发誓不娶。
△ 春成午夜一点赶来的时候,老陈和水生都醉倒了。

S:28 景:苏家门外 时:日
△ 春成欲帮母亲抓鸡,苏母表示春成是池王爷的童子,最好不要杀生,春成这才骑车去上班。

S:29 景:苏家厨房 时:日
△ 苏母在厨房忙得不可开交,并向水生表示杀鸡是向池王爷答谢保佑春成长大成人。水生要苏母顺便向池王爷许愿,保佑她身体早日康复。

S:30 景:大庙前 时:日
△ 阵阵鞭炮声,带来了庙前的流动摊贩和嬉戏的小孩。

S:31 景:工厂内 时:日
△ 春成与同事吃便当,邀众人到家里吃饭。

S:32 景:大庙内 时:日
△ 苏母抽签,但每次都是下下签。苏母及水生心头蒙上一层阴影。

S:33 景:工厂内 时:日
△ 春成在车床工作,因帮同事搬东西,回来忘了锁上钢板,一按开关,钢板飞出击中春成的肚子。
△ 众人大骇,急忙送他去医院。

S:34 景:派出所内 时:日
△ 老陈值班,接到春成死讯的电话。

S:35 景:田园、庙口内 时:日
△ 老陈骑车经过堤防和田园。

△ 老陈赶到庙口告知春成死讯，苏母昏厥。
△ 水生激动地拜托池王爷救春成，直至歇斯底里。

S:36 景：苏家内外 时：日
△ 水生与苏母已哭干泪水。
△ 老陈和众人在客厅外讨论着。

S:37 景：工厂会客厅内外 时：日
△ 老陈及众人找老板谈判，老板终于答应赔水生10万元。

S:38 景：客运车站、苏家客厅、苏家卧室 时：日
△ 春来与金花下车。
△ 两人入客厅，见神桌上多了一副纸神主牌。
△ 苏母哭得死去活来，春来入房内，见水生将10万元钞票铺在床上，说这是春成的赔命钱，谁也不能动用。春来与父亲又言语不合，金花此时急入内告知苏母昏倒。
△ 春来表示欲用10万元为母治病，但苏母不答应。

S:39 景：苏家门外 时：夜
△ 众人搬八仙桌在庭院喝酒，频频劝慰水生。连续表示是池王爷收春成到身边听差，春来反问连续，若其子被池王爷收去差遣怎么想。
△ 春来离去，气氛尴尬不安。

S:40 景：苏家门外 时：日
△ 早晨水生提锄头往田里，金花告知她有煮稀饭。
△ 水生逃避地说他不饿，径自离去。

S:41 景：大庙内外 时：日
△ 水生到庙里点香祈祷，埋怨为何一定要春成到神的身边听差，为何神不能替他解决事情而只能一直睁着眼看他。
△ 村人路过，议论纷纷。

S:42 景：乡村小路 时：日
△ 水生茫然走在风沙滚滚的小路，放下锄头，无言地坐在田埂望向天际。

S:43 景：苏家卧室 时：日
△ 金花发现上回的奶粉因苏母不舍得吃而变硬，春来因而批评父亲保守性格，反与金花吵架。金花离去，春来楞了一下，随后追去。
△ 苏母在后叫唤，水生阻止她。场景只剩下孤独的老人和孤独的老屋。

S:44 景：鸡舍内 时：日

△水生在喂鸡,老陈带连绩来表示连绩儿子福明生意需要周转,欲向水生借10万元。水生不愿,但老陈表示每个月的利息就像春成在孝敬他一样。
△水生表示他要问春成。

S:45　景:苏家客厅　时:日
△水生对神主牌喃喃自语,将卦丢在地上,是一阴一阳的卦。

S:46　景:苏家厨房　时:日
△水生没心情吃晚饭,苏母追问,他才告知已将10万元借连绩的儿子福明,并表示若春来肯上进,将来10万元还有那四分利都会给他。
△苏母乐观表示,金花伶俐必会影响春来渐渐上进。

S:47　景:田园、庙口　时:日
△水生采收毛豆经过庙口,听众人说连绩常去台北,一阵子没见到他的人。
△水生见老陈改乘一辆摩托车,觉得时代不一样了。

S:48　景:派出所内外　时:日
△老陈回派出所,村长已等候多时。村长表示这个月他借钱,但连绩却借不出钱,老陈惊讶。

S:49　景:客运车站前　时:日
△老陈和村长在站前遇上刚从台北回来的连绩。连绩沮丧地表示儿子福明的工厂倒了。

S:50　景:庙口　时:日
△村人急忙向众人表示福明的工厂倒了。
△水生如晴天霹雳。

S:51　景:蔡家内外　时:日
△连绩向众人解释,但水生却疯狂地揪住连绩高喊,让他还春成的赔命钱。
△老陈怕出人命,急忙架开。

S:52　景:蔡家门外　时:日
△水生持锄头欲往内闯,老陈拦下。
△老陈分析利害得失,若连绩告他伤害,水生会有理也说不清。
△水生哀恸地高呼:世间还有天理?

S:53　景:苏家内外　时:夜
△众人喝酒,老陈自责,但村长反安慰他,因全村都是受害者。
△水生不语,突然起身愣愣地望着墙上春成的黑白相片,众人惊讶。
△镜头叠入春成装扮童子,池王爷似乎望着水生。
△水生突然像被附体般全身抖动。

△ 水生跳上八仙桌,然后推门奔出。

S:54　景:蔡家内外　时:夜
△ 水生走向蔡家门外,表示是池王爷驾临,连绩不开门,水生破门而入内,打得连绩跪地求饶。
△ 水生眼角含着泪水。
△ 八音唢呐是背景音。
△ 全剧终

从分场大纲中,很快就可以看出故事结构的优劣。换句话说,将分场大纲分为几个块状,每个块状其实都有作者的意图主旨以及张力冲突。

序场 AB 是交代春成为了贴补家用,欲学得一技之长,所以到工厂当车工学徒,放在序场是因为这是整场戏最重大的事件——春成被钢板击中身亡,也点出剧名《春成的赔命钱》的由来。

第 1 场到 15 场借着庙会的华丽背景,剧中人物陆续出场,更点出春来的生活窘境以及与父亲的紧张关系。穿梭其间的春成,善良得让人心疼。而他为庙中池王爷当童子也是具有相当重要的象征意义,农村社会不止卑微无奈,在某种无助的时刻只能求助于神明的庇护。剧中可以将春成转化成童子,正是为了呼应剧末水生的无奈。

第 16 场到 27 场事件较少,但却点出连绩儿子在台北开工厂。台湾由农业社会开始转型,起落不定的诡诈商场也渗入了无辜的安详农村。警察老陈与农村打成一片,但凸显了他自身的婚姻问题。抓鱼来腌制是乡下生活写实的情境,这让剧本的乡土定位得到具体的写实呈现,也间接表达了1950年的农村坚毅的生命形态。

第 28 场到 36 场为着村中池王爷的生日,再度将人物汇集,这也是本剧的重大事件。春成意外死亡时,故事进展到一半,这一重要转折比一般节奏较快的故事情节而言慢了一拍,但前两段合理的叙述使得事件在此爆发,也合情合理。

第 37 场到 44 场之间,水生得到10万元的矛盾与痛苦,加上与春来的不合,使父子间因春成的去世,对立更加尖锐。

第 45 场到 52 场讲水生将 10 万元借给连绩,但连绩之子福明工厂倒闭,使水生顿失春成的赔命钱。

第 53 场与 54 场是结尾。在被赖账又不能找对方理论的无奈下,水生万念俱灰,但他不相信世上没有天理,不知是真是假,水生以池王爷附体为由,撞破了蔡家大门,将蔡连绩暴打一顿,但这能否抚平他丧子的伤痛,故事在此结束,留给观众颇多的思索空间。

从以上六块分场,可以很快了解到一个剧本下笔之前的分场大纲,这已经决定了剧本的成败。至于场与场之间是否紧密顺畅,也可以从分场大纲中看出。

总之,一个剧本的形成,在分场大纲这个阶段是相当重要的。多花些时间在分场的修饰上,对下笔后的剧本绝对是有帮助的。

《天浴》导演：陈冲 1998年 中国

剧情：
　　秀秀是一个生活在省城成都的女孩,自从踏上了下乡的路途,命运就此逆转。在荒凉的西藏牧区,文秀住在藏民老金的营帐里面,由于老金被阉割过,文秀觉得放心,二人感情逐渐深厚。
　　在藏区养马,生活条件艰苦,秀秀渴望回城,想争取到回城的指标,她错信了供销员的承诺。将贞操献出去之后,才醒悟到这是一场骗局。然而,她却越走越远了——为了能获取回城机会,她放弃了自己的身体,成为了众人的玩弄对象。一次次的伤害,并不能让她回到城市。老金旁观者清,痛在心里,决心为这件事做一个了结。

《南京南京》导演：陆川 2009 年 中国

剧情：
　　1937 年的 12 月，南京城破。尽管有大批的国民革命军士兵溃逃出城，但与此同时，仍然有大量不愿意投降的士兵留了下来，在这座城市的街头巷尾展开了无望而惨烈的抵抗。

　　抵抗最终失败之后，数十万中国人的鲜血染红长江，南京全城沦为一片死地。唯一尚有生机存留的，就是位于金陵女子学院的"安全区"。在这里，大量的难民因为拉贝的"纳粹"身份而暂时获得了喘息的机会。

　　但是，在日军的眼中，所谓"安全区"，只不过是一个囤积了大量女性资源的"仓库"。拉贝的德国人身份，在强势的日本军队面前，也只不过是一块随时可以扯去的遮羞布。而中国的女人们，则用她们的身躯不断拯救着隐藏在难民营的男人……

《活着》导演：张艺谋 1994 年 中国

剧情：

地主少爷福贵嗜赌成性，终于赌光了家业，一贫如洗，穷困之中的福贵因为母亲生病前去求医，没想到半路上被国民党部队抓了壮丁，后被解放军俘虏，回到家乡他才知道母亲已经去世，妻子家珍含辛茹苦带大了一双儿女，但女儿不幸变成了聋哑人，儿子机灵活泼……然而，真正的悲剧从此开始渐次上演，每读一页，都让我们止不住泪湿双眼，因为生命里难得的温情将被一次次死亡撕扯得粉碎，只剩老了的富贵伴随着外甥在阳光下回忆。

三、情节与结构

1. 主场戏的刻画

很多人主张每场戏都应该有主场的表现，比如说 90 分钟的影片应该有至少 3 场主戏，以表现戏剧冲突。所谓的主场戏，即块状的主题，即在某些段落的主要表现。一场主戏结合几场过场戏就成了一个独立的块状，在这个块状中有极具表达的思维理念。在电影《风中奇恋》剧本中，依据这个块状模式,就会清楚何为主场戏的刻画。

电影《风中奇恋》的开场,男女主角通过一种神秘奇异的自然现象"风洞"相遇了,借由声音的传递引发彼此生命中的转折与成长……

《风中奇恋》

S:序景:类似大峡谷的风洞 / 时:晨 / 人:空镜
△ 晨曦从密布的黑云空隙穿过,映照着一望无际的峡谷。
△ 从不知多远处传来的风声,浑厚有力,像一种呐喊。
△ 字幕打出。

S:1 景:小镇 / 时:日 / 人:牛仔、苏琪
△ 延续着序场的音乐和风声。
△ 风力发电机的风叶,因为强力的风吹袭而转的更快了。
△ 烈日下并排的信箱静静地矗立,一种坚定的信念使人相信,它们等待讯息的坚持一定会有回报。
△ 停在草地边几近报废的汽车,像是累的无法走动般的歇息。
△ 一名带着牛仔帽的男人站在挂着CLOSED牌子的店前,斜靠墙角慵懒地站着。
△ 苏琪从店内拿出洗好的衣服走出来,然后走向屋外的自行车,洗好的衣服因为套上了透明塑料袋,显得有价值起来。
△ 苏琪将收音机放入自行车前的铁篮内,然后骑上自行车离去。

S:2 景:汽车旅馆 / 时:日 / 人:苏琪、抱孩子的男人
△ 苏琪将自行车停在汽车旅馆前,将洗好的衣服交给抱着小孩的老板。
苏琪:你的衣服!
老板:谢谢!
△ 老板接过衣服,又将一堆未洗的衣服交给苏琪。
△ 苏琪将脏衣服放在篮子内,用收音机压着,然后骑车离去。

S:3 景:小镇 / 时:日 / 人:苏琪
△ 苏琪工作完了,心情显得特别轻松。她骑过的街道不见其他人的踪影,新墨西哥州的烈日使得镇上的人都躲了起来。
△ 苏琪老马识途般地骑过公路,往高原而去。
△ 苏琪边骑边舞动身体,眼前是高耸的峡谷断崖,沿途都是矮丛灌木。
△ 铁篮内衣服口袋的怀表掉落在路边的黄沙地上,苏琪并没有发现。

S:4 景:峡谷山顶 / 时:日 / 人:苏琪
△ 苏琪终于骑上山顶,强风吹散了她的金发,她停好自行车,迎面而来的是呼呼的风声,像是从远方透过风管传送来的。
△ 苏琪双手插在牛仔裤的袋里,眺望脚下接近天边的峡谷,好像世界都在她脚下了。
△ 一只老鹰盘旋在天空,嘹亮的叫声使得苏琪抬头望了它一眼,老鹰的叫声变得似乎遥远,却

又近在咫尺。

△苏琪从篮子里取出一件待洗的衣服,站在高处,将衣服迎风展开,然后四周来回地跑着,苏琪兴奋地觉得自己像只无拘无束的老鹰。

△苏琪:喂……

△苏琪高声地对峡谷喊。

苏琪:酷……

△峡谷没有回应。

苏琪:苏琪……

△峡谷依然没有回应。

△苏琪坐在大石头上,双手圈抱着膝盖,静静听着峡谷的风声,强风吹拂她的金发,像是一种旋律,也像是一种讯息。

△突然苏琪好像听到什么,她惊讶地睁开双眼,望着无边的峡谷。

△但峡谷依然宁静,苏琪小心翼翼地对峡谷喊着。

苏琪:哈喽……哈喽……

△在喊了两声后,果然远远传来一位男人的声音。

男人:(画外音)哈喽……你是谁?

苏琪:苏琪……

男人:(画外音)苏琪?

△风声依旧呼呼地吹着。

苏琪:对!

男人:(画外音)你在哪儿?

苏琪:就在这儿,你为何鬼鬼祟祟?

男人:(画外音)我没有呀!

苏琪:你在哪儿?哈喽……

△声音似乎突然不见了,苏琪小心地叫唤着。天空的云被强风吹得狂乱舞动。

苏琪:你还在吗?(停顿)你还在吗?你听得到我说话吗?

男人:(画外音)听得见,你在哪儿?

△苏琪对着峡谷挥挥手。

苏琪:你看得见我吗?

男人:(画外音)看不见,我只看得到小布蓝郡。

苏琪:小布蓝郡是什么?

男人:(画外音)就是这座城镇。

苏琪:什么?

男人:(画外音)这城镇叫小布蓝郡。

苏琪:在哪儿?

男人:(画外音)在亚利桑那州!

△苏琪大吃一惊。

苏琪:我在新墨西哥州!

△风呼呼地吹着,苏琪突然恍然大悟。

苏琪:是库拉传来的风!它是个风洞,我们找到了。

△ 又是一阵沉默，在一阵风声之后，男人的声音传了过来。
男人：(画外音)你是谁？
苏琪：我叫苏琪。今年13岁，我念杨柳股中学，我们家只有我一个小孩，还有一只狗。你念哪所学校？
男人：(画外音)我没念书了。
苏琪：你几岁？
男人：(画外音)19岁。
苏琪：哦……
男人：(画外音)你刚说你在哪儿？
苏琪：我们找到了库拉风洞。
男人：(画外音)你在哪里呢？
苏琪：我在新墨西哥州。
男人：(画外音)不可能的！
苏琪：这是真的！印第安人有过这样的故事，我们很有福气，才能找到这个风洞。
△ 风声越来越远。
苏琪：你还在吗？
△ 在风中的尽头闪过一个影像，苏琪好像见到男子的影像。
苏琪：哦，我的老天……你能听得见我的声音吗？
△ 风依然强劲地吹着。
苏琪：明天同一时间来这里，你听见了吗？明天一定要来哦！好吗？好吗？
△ 苏琪用力喊着，但没有男人的声音了。
△ 斗大的夕阳在云层的护送下，缓缓跌落峡谷的远方，留下艳霞无限。
苏琪：好吗？
△ 苏琪最后一次大喊，夕阳已经全然不见了。
……

这是一部传奇浪漫的爱情故事，套用了当地印第安人的传说，加入现代年轻人的成长经验，在憧憬未来、爱情甚至性爱的过程，借着风中传音交换了生命种种转折以及成长体验。

基于这一主题，从剧本的前面几场戏中立刻可以发现故事清楚的诉求主轴，由这种呈现引燃了追索剧情的欲望，产生了这样的感情会不会有进一步的发展，他们是否真的能相遇等吊人胃口的问题。

在这里借着这场戏尤其是第四场来说明块状剧情的主场诉求。前面的碎场是这个主场的辅助与引导，却无法与主场分离。

从第四场的表现来看，《风中奇恋》故事的神奇诉求已经成功完成。同时从前面几场的排列调度可以感觉剧本的另一种要求——圆融流畅。

从主场的时空背景运镜开始，到苏琪收衣服后到远山上，可以说毫无拖泥带水，一气呵成，甚至安排了剧本的另一个重要的伏笔，掉落的怀表经过七年的时光，随着沙漠的流沙移动，竟然被男主角的父亲拾到(其父亲是沙漠拾荒者)……

再次提醒，强化每一个块状主场的主旨与戏剧张力，然后将这些块状组合起来，就是一个精彩动人的剧本。

第一章 剧本创作 019

《不能说的秘密》导演:周杰伦 2007年 中国台湾

剧情:

叶湘伦拥有非凡的音乐才华,从小与父亲相依为命。在转读淡江艺术中学的第一天,小伦跟随同学晴依参观学校,却被旧琴房传来的一段钢琴曲深深吸引——他遇到清秀俏皮的女孩路小雨,纯纯的爱情故事开始了。

然而,小雨因为误会小伦与晴依在交往,突然消失后就再也没有回来。小伦到处打听,几近绝望的时候,意外发现一张父亲和小雨的合照——二十年前似乎隐藏着"不能说的秘密"……

《渺渺》导演：程孝泽　2008 年 中国台湾

剧情：

小瑷是个活泼开心的高中女生，她遇到来自日本的交换生渺渺，内向的渺渺与热情的小瑷很快成为好朋友。

一天，渺渺偶入一家二手 CD 店，冷淡、忧郁的老板陈飞，令渺渺心动不已，她每天借故拉着小瑷前往 CD 店偷看陈飞，然而陈飞似乎只活在自己的世界里，外界与他完全没有关系。不死心的渺渺一次一次尝试接近陈飞，这样的举动除了引起小瑷的醋意，也终于得知埋藏在陈飞心中的秘密……

2. 布局与曲折

在剧情的进行中，太过平铺直叙则会让观众索然无味。巧妙的布局与峰回路转的曲折，不止为了丰富观众的口味，更重要的是前面的布局必须在后面呼应，不但是串联故事的线，更能烘托出情节的高潮。要达到这种程度并不容易,精彩的故事,不但伏笔甚多,而且环环相扣。电影《我们不是天使》就完全体现了布局与曲折的真正涵义。

《我们不是天使》剧情与分析

剧情一

凶悍的波比逃狱,无端受连累的奈德与吉姆也不得不逃亡,两个人在冰天雪地中彼此分散。

吉姆一直惦念着波比的安危(显现吉姆的善良个性与敏锐)。在路上,二人看见一幅海报,海报上写着宗教警语:不可忘记用爱心接待客旅,因为曾有接待客旅的人,不知不觉就接待了天使——希伯来书第十三章第二节。吉姆暗中记了下来。

正巧一名老妇人开车撞伤野鹿而发现了奈德与吉姆,老妇人怀疑二人身份,问二人来自何处,两人答不出,吉姆适时念了广告牌上的话:不可忘记用爱心接待客旅,因为曾有接待客旅的人,不知不觉就接待了天使。

《我们不是天使》导演:尼尔·乔丹
1989 年 美国

《我们不是天使》剧照

分析:

将前面出现的文字、事件、冲突甚至人物,在后面的情节中再次出现,其本质不变,但因形势与方式的不同而产生趣味戏剧的效果,改变剧情的走向,化解人物的危机,凸显角色的本性,这就是俗称的伏笔。

剧情二

果不其然,老妇人将二人当成了神职人员,因为当地的教堂正在等待两位有名的神父布朗与莱礼。于是老妇人将来福枪交给奈德,要他枪杀痛苦的野鹿并答应送他们到镇上。奈德利用机会打断了连在二人脚上的铁链,但入镇的时候,借故离去。

二人先偷了衣服换上,发现连接边境的关卡在一个水坝上,两人原来欲混进人群中逃出,但见警长在发通缉令,无奈又躲进杂货店内。在这里,奈德见到穷困却漂亮的寡妇,但也领教了寡妇的泼辣,店主见二人鬼祟,准备掏枪防卫,但老妇人正巧走进来,告诉店主这二人是神职人员,店主当面就忏悔,并赠送卡片及小圣母像给二人以赎罪。出门前店主还高兴地对吉姆说他也有一件相同款式的外套。

二人想利用老妇人通过边境,但半路却遇到教堂的主事神父,主事神父误以为二人是《启示录新解》的作者布朗神父与莱礼神父,热情邀二人回教堂。

《我们不是天使》剧照

分析：

在一个环扣解套后，故事又埋下许多的伏笔，小圣母像（背后是温度计）是其一，卡片也是重要的布局。卡片上面印有一只熊，写着：你可是孤立无援？深山遇熊记。这张卡片是故事最重要的伏笔，不但在下一场帮二人解围，也使吉姆心境发生大转变。

偷衣服也是一个有趣味的伏笔。吉姆除了偷店主的外套，也偷了一件衬衫，却没有发现一个衣夹就夹在衣领上。

剧情三

当晚餐的时候，主事神父要布朗神父上祭台上讲感恩词，两人互推对方是布朗，吉姆战战兢兢地上台，却不知该说什么，正好摊开的圣经上写着：善待异乡人，你也有流落异乡的时候。吉姆照着念了，虽然不是很恰当，但适时解了围。

一直崇拜二位神父的修士除了负责招待二人之外，也常常向二人请教，见吉姆背后的衣夹，频频询问是何意。吉姆不知该如何回答，只得含糊地说：那是警惕，警惕随时会被抓。下一次见面的时候，修士也在自己衣领上夹了衣夹。

《我们不是天使》剧照

分析：

这个段落是趣味点的埋伏，偷衣服后没有取下衣夹，但惊慌中并没有说谎，含混的语气显得一语双关，在下一场就会出现令人会心一笑的镜头。修士遵从布朗神父的警告，将衣夹夹在衣领上，没有对白，只有会心的一笑，观众却乐不可支。这是相当高级的手法与技巧。利用一个小道具牵动两个刚见面的角色心境，巧妙点出吉姆的善良本质，也为他日后入教会提供了一份有力的说明。

而吉姆上了祭台，以圣经的话来化解危机与尴尬，两次经验的累积，使他对圣经有了信心，从此二人圣经不离手。对奈德而言，圣经是一种保命符，对吉姆来说，圣经是他发现的另一番天地。这种属于角色内在心境的伏笔，必须与角色的性格相结合，以外在表现来诠释内在心灵。

剧情四

奈德在打铁店偷了一把钢剪，躲在告解室中将脚环剪掉，正巧副警长来向他告解，说自己已有妻儿，还和寡妇通奸，副警长硬要拉奈德去向寡妇开导，寡妇因有一聋哑女儿要抚养，表示她只要五元就可以和任何人上床，包括奈德。副警长被寡妇赶出，奈德也是相同的命运。而奈德走上街道，一名妇女为圣母游行捐献给他五元，原本在偷衣服的时候就无意中看到寡妇洗澡的奈德，又入内向寡妇表示他已经有了五元，但寡妇头也不抬地又将他赶走。

《我们不是天使》剧照

分析：

副警长的告解是有罪，所以最后他与波比的枪战算是一种救赎。这种角色连贯使得故事更加充实。奈德去寡妇家，延续前面他的偷窥，也显现了奈德油滑好色的劣根性，虽然如此，故事中却将其塑造为被害者，卑劣的人性反而只是博君一笑而无伤大雅。

这个阶段呼应了前面小圣母像的伏笔，当妇人捐五元给奈德的时候，奈德立刻将杂货店店主赠送给他的圣母像送给妇人，这不但是精彩伏笔的呼应，观众也从这个事件中见识到了奈德的真实性格。

而聋哑的女儿也是重要的安排。圣母游行是本故事的高潮点。现在看起来并不起眼的布局和情节，在结尾的时候一一展现，这就是有名的剥蕉理论。

剧情五

修士觉得与吉姆越来越投缘，送了吉姆一条十字项链。奈德带吉姆入告解室，帮他剪断脚环，两人第二度混入人群欲过边境，此时副警长来向奈德道谢，并开第一道闸门，而寡妇来搅局，她问诚实能否让女儿聋哑痊愈。奈德因为怕引起别人注意，正好对岸典狱长带警犬上岸，心虚的奈德与吉姆急急逃回小镇。在躲藏中，二人发现彼此的鞋底印着监狱的标示记号，二人忙脱下鞋子丢入河中，正好又遇修士，修士问其为何光脚，吉姆回答：如此与大地更接近。显然又是从圣经中抄袭而来，修士也立刻脱去鞋子。

《我们不是天使》剧照

分析：

衣夹和鞋子两次均运用在修士身上，而且效果奇佳，添增了不少趣味。典狱长带着警犬追踪而来，这是压力与危机的标准形态。这场戏如果少了这两项，剧情就会显得平淡无奇，观众也难感受到紧凑的危机压力。这个阶段也传递了男女主角的纠葛互动，寡妇有了新思考，但依旧以"利"来检讨，所以她逼问奈德如果她诚实是否能让聋哑女儿痊愈。奈德因寡妇搅局又见典狱长追来，但他和吉姆依然在寡妇入内卖东西时替她照顾女儿，聋哑女也发觉两人是通缉令图片中的人。这一点也是一项伏笔。

剧情六

两人逃回修道院内,见到了圣母像。吉姆祈祷,他想要有两双鞋子,低头一看还是光脚丫,正感失望的时候,一名修道士抬了一箱黑皮鞋进来,吉姆的祈祷应验了。窗外搜索的人渐渐逼近,但吉姆坚定地表示他想先去祈祷并吃晚餐。剩下心慌的奈德,面对圣母像竟然跪下哭泣向圣母祈祷,求圣母别让典狱长把他抓回去。此时,圣母落泪了,泪水滴在奈德手上。奈德困惑,主事神父出现,他说这是奈德在启示录新解中为圣母诠释的圣迹,但也坦承那是屋顶漏水。神父以为奈德在修道院中遇到困难,频频安慰他,问他明天参不参加游行。奈德本想拒绝,但一听到是将圣母像送到加拿大的姐妹堂,奈德兴奋地答应了。

《我们不是天使》剧照

分析:

这段将圣母的神迹彻底解构了,却又在过程中频频显现神迹。在吉姆身上,他渐渐与宗教溶为一体,当神迹出现在他身上时,他不惊奇也不害怕。虽然危机就在窗外,但他坚毅地向奈德表示,他要去祷告以及吃晚餐。相反,奈德彷徨无助,他虚假地向神父说出真心话,却是一语双关。人生在世不管环境与遭遇如何,其实都是一种试炼。所以神父告诉奈德,圣母从未让他失望过,因为任何人向她祷告的事情都一定会实现。

剧情七

第二天奈德要参加游行,却必须找一名苦难残疾的孩子救赎。奈德找寡妇,寡妇表示只要奈德给她一百元,她就把女儿交给奈德。奈德深感无奈,只好要吉姆去抬圣母的圣龛偷钱。修士帮吉姆丢了一张签,表示这是风俗,圣母起驾前抽中签者上台致词。二人急着去偷钱,根本没听懂修士的话。吉姆偷钱时小心翼翼,但所偷有限。奈德在人群中听说,一名逃犯与副警长发生枪战。副警长负伤,但逃犯也中弹在屋内,因生命垂危需要一名神职人员,奈德以为是吉姆,自告奋勇入内,却发现负伤的逃犯是波比,波比也认出奈德,他恐吓奈德要奈德救他出去,否则向警方透露二人的身份。

《我们不是天使》剧照

奈德急忙找到吉姆，告知真相，要求吉姆一起逃亡，但此时却传来中签者是布朗神父。吉姆再次被推上台，他手足无措，想再次借用圣经，但打开时却是那张卡片：深山遇熊记。他茫然地念着：危机四伏、惊险万分、死亡边缘、我从口袋拿出什么……吉姆说不下去了，因为下面写着：柯尔特点32自动手枪。几日来在教堂的熏陶，吉姆对生命有了重新的认识，以感触的口吻说出了他自己隐藏的委屈。吉姆的致辞引起了热烈的掌声，奈德也乘机救出波比，将他藏匿在圣母的神龛内。

分析：

前面卡片的伏笔，到这个重要的关口的时候发挥了关键作用。而更精彩的是，前几次吉姆都是靠圣经来过关，这回发觉他无法重施故技的时候，反而放开胸怀，将自己的委屈倾泻而出，不但成功地完成精彩的致词，同时也让自己的灵魂提升到高超的地位。在赢得镇民的热烈掌声中，观众也开始认同吉姆找到了自我。

波比再次的出现却带给二人另一次危机，也将剧情提升到另一波高潮，副警长在枪战中受伤其实也算一种救赎，他通奸的内疚将因这次的付出而得到平复。

剧情八

听到吉姆的演讲，寡妇感动得落泪，免费将女儿交给奈德。奈德将女孩放在神龛边，随着队伍缓缓前进。在经过水坝上的时候，典狱长发现波比不见了而急忙追来，而波比伤口流血，众人见圣母滴血以为显现神迹，突然波比冲出挟持女孩为人质，吉姆见状奋不顾身冲上与波比揪斗，女孩惊恐地爬上桥墙，波比又捡回枪，欲枪杀吉姆之际，警方枪声大作，杀了波比，波比倒下时撞翻了神龛，圣母与女孩同时跌落坝下，女孩因惊恐大叫。此时寡妇奋不顾身冲来，奈德在她的注目下，虽不会游泳，还是跃入水中，找到女孩后又被冲入坝下的水潭。而圣母塑像张开的手臂像是答应奈德之前的祈求一般，让奈德攀住而浮出水面。突然会讲话的女孩，开口的第一句话竟说他二人是逃犯。但主事神父以神的名义赦免了二人。

《我们不是天使》剧照

分析：

寡妇从吉姆的演讲致辞中对神了悟，从对钱的取得无所不用其极，到完全基于奉献的心情去面对，这不只是一种转变，而是真正的获得。

在观众的心里，早已将圣母像的神迹解除，但在这段却制造另一个事件来诠释神迹。这种神迹的安排天衣无缝，随着圣母的神迹，剧中人物得到救赎。

剧情九

终于在没人知道他们是逃犯的情况下，可以大方地过桥逃往加拿大。但吉姆在桥上回望那间修道院的时候，突然发现自己真正属于那个地方，于是他停在桥中央，目送奈德离去。奈德没有强迫吉姆，因为寡妇带着女儿送他离开，奈德告诉她一些远景，并且答应时机一到告诉她真相。寡妇欣然地望着他……

《我们不是天使》剧照

分析：

这是相当有力的的结尾剧情，在最后关头，吉姆和奈德分别做了相当重要的抉择。不同的抉择产生截然不同的剧情和结局。也就是依循前面的许多布局，在历经各种曲折的境界后，才导致这样的最后抉择。

四、对白应用

对白最容易混淆，根据不同的角色，不同的性格，应该赋予不同的谈话语气与方式。不同的对白可以显示角色的性格，是推动剧情的重要助力。

在陈亚先新编的戏剧作品《曹操与杨修》中，对曹操的个性描述刻画相当深入，借着对白来凸显一代枭雄的本色。

曹操礼聘杨修为主簿，但听信谣言误杀了杨修派出去买马及粮草的孔闻岱，他唯恐杨修离去，便编造他有夜梦杀人的恶疾，误杀孔闻岱，因而以相国之尊为其守灵。

杨修不信，以先前曹操送他的披风夜半交与曹操之妾，妾怕曹操受寒，故持披风为守灵打盹的曹操披上。

曹操知是杨修试探的诡计，暗示其妾必须死，否则夜梦杀人之谎不攻自破，天下群英必弃他而去。

《曹操与杨修》

曹操：骂道悬崖收缰晚，投鼠忌器两为难。

倩娘：丞相为何如此惊慌？

曹操：牵玉手，睹芳容，可怜贤妻懵懂人，我在灵堂方入梦，你不该把我好梦惊，我在梦中杀了孔闻岱，文官武将尽知情，倘若容你安然去，我妄杀无辜担罪名，不舍贤妻难服众，欲舍贤妻我怎能？事到此间乱方寸，进退维谷难煞人。

倩娘：曹丞相握重兵天下纵横，难道说保一亲人都不能？

曹操：我的贤妻呀！汉柞衰群雄起狼烟滚滚，锦江山飘血腥遍野尸横，只杀得赤地千里鸡犬殆尽，只杀得众百姓九死一生。献帝初天下人丁五千万，杀到今只剩下七百万民，儿郎铠甲生虮虱，思之断肠复断魂，曹孟德志在安天下，赤壁折了……折了我百万兵，求贤纳士重振奋，误杀了孔闻岱大错酿成，怕只怕天下的贤士心寒透，我宏图大业化灰近尘……

△ 曹操手足无措，竟然朝倩娘跪了下来。

倩娘：相爷一拜如山重，拜得倩娘梦魂惊，为妾不要紧，怎忍心白发人反送我黑发人。

△ 倩娘也跪在曹操面前，夫妻同时落泪。

曹操：流泪眼观流泪眼。

倩娘：断肠人对断肠人。
曹操：贤妻呀。
倩娘：相爷呀。
△ 夫妻相拥，曹操感觉天色将亮，扶起倩娘……
曹操：有朝一日狼烟尽，我为你造一座烈女碑亭，夫妻到此悲难忍，英雄泪染透了翠秀红巾。
倩娘：愿相爷，金戈铁马多保重，莫为我薄命女暗销魂，待到海晏河清把功庆，到坟前奠半碗剩酒残羹。
△ 倩娘跪下向曹操磕三响头，曹操扶起她，倩娘推开曹操，径自抽出墙上宝剑自刎。
△ 曹操上前扶倩娘呼天喊地。
曹操：倩娘……倩娘……
△ 曹操悲伤饮泣，然后捡起宝剑，对外面大喊……
曹操：来人……来人呀……
△ 杨修和曹操的女儿以及众士兵赶到，杨修心知肚明却无可奈何……
杨修：曹丞相……你……你这夜梦杀人之疾难道就如此沉重吗？

这就是《曹操与杨修》中精彩的对白互动，将曹操以普通人的角度来看待，也就是说曹操是一代枭雄，但他却和普通人一样有七情六欲，也有亲人儿女。倩娘半夜持披风为曹操披盖，曹操感觉到那股温柔，缓缓醒来深情地望着倩娘，此刻的曹操像一位刚晨起的丈夫，面对深爱的妻子。这是深刻的人物刻画，同时也是事件高潮与内心挣扎的埋伏点。此刻的深情温柔，对照即将发生的悲剧，提供了曹操性格的阴狠变化。虽然深爱着妻子，但面临春秋大业与儿女私情的时候，曹操选择了前者。但他却适时以情理开导倩娘，曹操的说辞似正大光明，无懈可击。善解人意的倩娘一步步踏入曹操设下的陷阱，在进退维谷之际，倩娘是别无选择。

《赤壁》导演：吴宇森 2008 年 中国

电影《中央车站》中替人写信谋生的多拉，一时心软护送丧母的约书亚千里迢迢寻找父亲，手边缺钱想要回头，又不忍中途抛下约书亚。她心绪纠结，却在车上因故与约书亚赌气不说话，随着旅途悠长，不得不开始有了互动。约书亚望着路旁的路标问多拉："一公里有多长？"多拉没好气地回答：

电影《中央车站》剧照

"1000公尺。"天真稚气的约书亚仍不知道一公尺的真正长度，提出另类问题："他们怎么知道多长是一公里？"本来就一肚子火的多拉促狭地说："他们猜的。"

这段戏不仅呈现了精彩的对白，也间接地表明了多拉与约书亚的个性与尴尬心焦的现况。

电影《蓝色情挑》中，车祸后，医生告诉茉莉其夫和女儿均已死亡，茉莉泪眼婆娑。下一场是已哭干泪水的茉莉走到药店，先用硬物打破走廊的玻璃，然后躲在一旁，待护士出去一探究竟，并打电话通知警卫的时候，茉莉潜入药店打开药柜，将一整瓶的白色药丸全部倒进嘴里……经过大约五秒，茉莉又将药丸吐了出来，一抬头，护士正站在她面前同情地望着她。

茉莉：我……吞不下去。
护士：我了解。
茉莉：玻璃是我打破的。
护士：没关系，叫他们来修理就好了。

《中央车站》导演：沃尔特·塞勒
1998年 巴西

电影《蓝色情挑》剧照

《蓝色情挑》导演：克日什托夫·基耶斯洛夫斯基 1993年 波兰

这一场简单明白的对白，却将茉莉的悲苦心境以及她善良的本性表露无遗，药是苦的，茉莉就算将整瓶药含在嘴里，却抵不过她心境之苦。一个泪水已经枯竭、心灵已被碾碎的女人，自杀似乎也只是她唯一的抉择。但在鬼门关前，这个角色的内心本质依然勇敢地承认自己的鲁莽。

五、具象与抽象

呈现剧本难度最高的是具象事件的表达。具象事件的表达是指以影像动作来表达某一种意志，习惯写小说的人有时很难一下子进入剧本的领域，这是因为太依赖文字的叙述，而戏是用演的，不是用文字堆砌的。有一些主题含义其实很抽象，但在剧本中的表达却必须将抽象的东西具象化。当然也有将某些情节抽象表现的。

电影《我的左脚》中，男主角从小得了脑性麻痹症，手足蜷曲、嘴巴歪斜，但后来主角成功地成为一名小说家。在这个前提下，主角应该被塑造成一名相当有毅力的人，但是我们如果直接用对白表现，不管是从他的父母还是师长朋友的口中称赞他是一位很有毅力的人，这听起来能有多少震撼？并且从影像角度上看，这也是平面化的，而且不细腻。

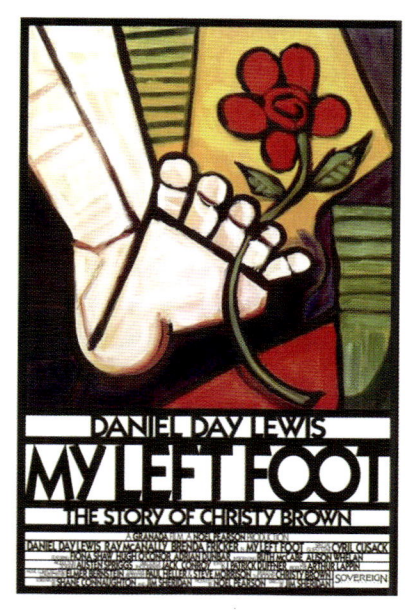

《我的左脚》导演：吉姆·谢里丹
1989年 爱尔兰/英国

《我的左脚》是这样描述的。在男主角18岁生日的时候，父母按照习惯为他买了蛋糕，在五、六名兄弟姐妹为他唱完生日快乐歌之后，众人要少年许愿吹蜡烛。

这段情节太普通了，但男孩是口斜眼歪的脑性麻痹患者，要他吹口气都很困难，何况一次要吹熄18根蜡烛，主角望着家人期待注目的眼神，决定不让家人失望。他一鼓作气，吹熄了17根蜡烛，还剩下一根蜡烛没有吹熄，少年气空力尽，但面对那么多期许的目光，他使尽最后的力气奋力一吹，烛火还是顽固地亮着。

空气似乎顿时凝固了，家人不知道该不该帮他把最后一根蜡烛吹熄。突然少年将头凑向蜡烛，毫不犹豫地用嘴将蜡烛含熄。

少年过了一个不一样的生日。

《我的左脚》剧照

  首先故事中将生日这个具象的事件当作背景,而以吹蜡烛的具象动作来表明少年不服输、不妥协的坚毅性格。这段戏中没有任何一句褒奖少年坚毅的话,但根据故事发生的时间与动作,观众了然于胸,并且被深深地感动。

  生日是这一场戏具象的诱因事件。没有生日聚会就不会有这一场的表现。吹蜡烛也是重要的具象事件,但因为事件主角是口歪眼斜的脑性麻痹患者,使本来一件不起眼的事情,爆发了强烈的戏剧张力。

  从大的结构与情节来看,所有的剧情推力全部建构在具象事件的设定与延展上,但抛开这些大结构,再从小的细节来探索,我们可以发现,任何情欲、野心、爱情、怨恨、怜悯、同情等人类的七情六欲,还是无法离开具象事件的表达。

  爱一个人,有时候只要轻声在他耳边说声我爱你,情绪就可以表露。可是一名哑巴却必须用手语或借用另一个物件来呈现。

  电影《钢琴课》中的女主角是位聋哑人,剧中以两段相当具象的事件来表现她的情绪。

  女主角发觉丈夫将她心爱的钢琴卖给一名原住民以交换一块土地。原住民(男主角)对钢琴一窍不通,却渴望借女主角教他钢琴与她接近。双方谈判以琴键的个数为教琴的次数,然后男主角会把钢琴还给女主角。男主角主张以白键个数为准,女主角坚持以黑键。

  钢琴的白键当然比黑键多,女主角对眼前这个男人是那么陌生,心中只希望赶快依约定教对方弹琴,以将心爱的钢琴赎回,次数越少越好。

  随着两人的接触,女主角面对丈夫的暴躁与不谅解,竟然发觉自己已爱上男主角。当情人为她生病无法下床时,她又被丈夫禁闭,为了表达爱意,竟然将原本最心爱的钢琴拆下一个白色琴键,在上面写着"我爱你"托人送给情人。

《钢琴课》导演:简·坎皮恩 1993 年 法国

  钢琴在这部电影中不但是叙述故事的重要工具,更是心灵故事的背景,两次以琴键为道具,却呈现截然不同的情节与心情。借用小的互动时间,来呈现人物的企图、动机和思维,这是动作的具象事件,这种手法和前面叙述的具象事件有异曲同工之用。

《蓝天使》导演：斯登堡 1930 年 德国

电影《蓝天使》中，曼纽教授为检查学生而涉足地下酒吧，竟然爱上年轻舞娘罗拉，在一阵追逐中不小心丢了自己的帽子，罗拉便让他戴了一顶比较年轻新潮的帽子回家。这象征了教授心态的改变，也注定了他往后不一样的命运。

动作具象事件常建构在象征的基础上，从帽子的例子中可以看出，不管任何呈现，只要能以符号来表现的，就不必用文字和对白来说明。帽子在影片中已经不只是帽子的功能，更是主角心灵的转变，这个转变没有文字或对白的叙述，因为帽子这个符号已经对此做出了精确的象征。

《蓝天使》在片头与片尾也有相应的符号象征事件。刚开始的一场，女佣发现教授养在笼子里的小鸟不知何时已经死亡，便将僵硬的鸟儿丢入火炉中。最后一场戏，教授在寒冷的深夜走回教室，紧紧趴在讲桌上，像那只小鸟一样僵硬地离开人世。

小鸟的死不只是象征，也是一种宣告。正如人一辈子规律的生活在学府中，一旦涉入五光十色的大染缸，就如被饲养的鸟儿般无法自行觅食，悲剧显然是早就注定的。

为了显现教授一丝不苟的生活态度，影片中有三次相同的场景与动作：教授走入教室，严苛地望着学生，从容不迫地拿出雪白的手帕擤了鼻涕，然后将手帕折好放入口袋内。

雪白的手帕与相同的动作，显示了教授的性格与生命态度，他的规矩，从这简单的道具中已经表现无遗，正因为这么规律和正经，当他遇上充满青春活力的罗拉时，严谨的城堡瞬间瓦解。

结构具象事件与动作具象事件的基本诉求是很容易理解的。问题是如何超越观众的思维，创作出人意表的作品。日常生活中的对象、动作，思维任意的组合都有可能呈现出不同的诠释。

六、主旨与思维

过去的影片常将角色简单地一分为二，好人就是彻底地一尘不染，坏人就是十恶不赦。这是一个时代一个阶段的现象，现在的作品中几乎很少有这类角色。

人之所以为人，必然会有人的特质。在七情六欲的纠葛下，在得与失的煎熬中，人往往会陷入善恶的对抗之中。但也正因为如此，在善恶的追索与辩证中，才能发现人的真正价值。在发掘人性与斗争的过程中，剧中人物会从中得到救赎并历练成熟，或者经由某件事的试炼而完成目标，这些氛围是剧情的力量。

抛弃过去善恶分明的模式，赋予每个角色善恶夹杂的人性，反而更能产生戏剧张力与效果。

电影《小人物大英雄》的剧情与分析。

剧情一

以偷盗拐骗为生的罗宾,曾答应带与离婚老婆住在一起的儿子去儿童乐园。但没想到半路由于老爷车抛锚,竟然目睹了飞机在他眼前迫降的过程。

罗宾是个社会边缘人,入狱是他的家常便饭,对眼前的灾难他根本无心参与,因为他怕弄坏了身上最值钱的家当——皮鞋。当罗宾发现飞机内有很多人需要救援的时候,他改变了主意,但行动前还是不忘将皮鞋藏在妥当的地方。

《小人物大英雄》导演:斯蒂芬·弗雷斯 1992年 美国

电影《小人物大英雄》剧照

分析:

罗宾刚出狱,身无分文,眼前最想做的就是弄到钱。他与飞机上那些光鲜艳丽的人相差甚远。从来没有人去关心他,并且他正在为汽车抛锚无法如期见儿子而苦恼。这些心境细腻地呈现出无赖的性格。但人性的本质常随当下的环境而表现,在这段戏中,罗宾善恶的心境对立是快速呈现的。罗宾没有什么值钱之物,刚好为了看儿子而买了一双新皮鞋,虽然看似荒唐却是合情合理,而在人命关天之际,罗宾还是加入了救援,毕竟人性是善良的。

剧情二

开始救援,罗宾就拼红了眼,他救出了许多人,随即赶来的摄影记者正好拍下一名脸被熏黑,但依然卖力救人的英雄。然而罗宾的本性再现,在救一名女记者之际,他趁乱摸走了女记者的金融卡。

电影《小人物大英雄》剧照

罗宾累坏了,在救援完毕后却发现他的皮鞋掉了一只,他拦了一辆收破烂的车,并将那只皮鞋送给司机约翰。

分析:
罗宾的性格永远在善恶边缘游走,这显示了人性的挣扎与对峙。这无关心机与谋略,只是出乎自然的先天性格。因此在救人的空间,一个皮包瞬间又挑动了他的职业本能。偷走金融卡与舍命救人是何等对立的情节,不只造就了戏剧性冲突,更是尖锐地刻画了人性。这只皮鞋是这场戏的关键,虽然有灰姑娘的影子,却是全新的创作。

剧情三
罗宾很快将金融卡卖给黑市,但因女记者早已报警,罗宾很快被捕。在看守所内,他发现那名收破烂的司机约翰竟然冒充是救人的英雄在电视上出现。原来女记者从镜头画面中看见那名救了自己的英雄,在事后却离奇失踪,现场只留下一只皮鞋,于是悬赏一百万美金,不管谁是鞋子的主人即可获得赏金,而约翰不只有另一只皮鞋而且他的脚也正好合适。

电影《小人物大英雄》剧照

分析:
罗宾在看守所内大叫他才是救人的英雄,却引起更多的讥笑和嘲弄,这段戏是很值得去深思研究的。人生本有许多令人扼腕的事,委屈与不公平往往使人步入不合理的命运。罗宾是个小偷,甚至在第一场就扒走前来保释他的实习女律师的皮夹,而今被关看守所也是他重施故技的报应。因为主观镜头的力量,使观众的思维跟着剧情走,而剧情却是毫无遮掩地呈现出罗宾更多善良的一面。

剧情四
罗宾被保释出来,一直想找约翰,但约翰此时因无意中安慰一名病童而使之竟然痊愈,瞬间成为全美国的大圣人,不但四处演讲还变成心灵导师,罗宾根本无法近身。但约翰其实也是愧疚的,面对突然而来的名利巅峰,独自一人之际反显得空虚难安。而精明的女记者发现约翰是冒牌的,却不敢揭穿。毕竟如今已是骑虎难下,揭穿一名众人崇拜的圣人,定会瓦解全国民众的心灵。

电影《小人物大英雄》剧照

分析：

这是三管齐下的人性挣扎，人都有光亮与阴暗的心灵挣扎，精彩之处在于彼此互相牵制，这个社会似乎也正是这样微妙地维系着。约翰是骑虎难下，一开始只是贪图赏金，但硬是阴差阳错地成为头戴光环的圣人，这是他始料未及的。女记者虽然精明干练，却有使不上力的感慨。但她毕竟是善恶分明的，这股潜藏的正义感，造就了戏剧性高潮。

剧情五

罗宾终于在大饭店的总统套间内找到约翰，约翰难过得想跳楼自杀，罗宾反而阻止他，两人坐在窗沿上，引来大批媒体与人潮。众人不敢接近，听不到二人谈话。最后约翰答应罗宾的请求，帮助他的儿子念大学，于是约翰继续当他的圣人，而罗宾只想完成他的承诺，带他的儿子去儿童乐园。女记者在与罗宾擦身而过的时候，心中明白这名无赖才是她的救命恩人，她对罗宾说不管怎么样，这件事情该要让他儿子知道。罗宾没有回答。最后一场罗宾与儿子在儿童乐园内，他似乎在向儿子说有关飞机的事，但一堆乐队经过遮盖了他的声音，除了他父子二人，没有人知道他们的对话是什么。

电影《小人物大英雄》剧照

分析：

两人在屋顶的对话是剖心置腹的，就像一把利刃将心灵笔直切开，展现了人性挣扎的真相。人性的公义因地位问题没有准确的答案，但其基调是永恒不变的，人的认知有时候会有偏差，但终究不能脱离其本质。任何的互动纠葛无非是要阐述善的本质，找到真谛，一切的得失就不再是必须的坚持。

七、影片解析

电影《何处是我朋友的家》

伊朗青少年发展研究院出品

伊朗最佳导演、最佳影片奖

德黑兰国际电影节最佳导演奖、最佳录音奖

卢卡诺国际电影节铜豹奖、评委会奖、费比西特别推荐奖

夏纳国际电影节艺术电影奖

编剧／导演：阿巴斯·基阿鲁斯达米

1. 剧情梗概

阿哈玛德和内玛扎迪是同桌。内玛扎迪把作业本忘在表哥家了,他第三次用纸写作业,老师警告他如果再犯这样的错误,就会被退学。迟到的表哥赫玛迪进了教室,证明内玛扎迪说的是真话。

阿哈玛德回到家,在院落一角准备写作业,突然发现内玛扎迪的作业本在自己书包里。他要求妈妈允许他把本子还给内玛扎迪,可妈妈只顾不停地洗衣服,还让他去买面包、照顾摇床中的弟弟。阿哈玛德趁妈妈上楼照顾弟弟,把作业本藏在毛背心里面跑出院子。阿哈玛德没顾得上理会街边晒太阳的爷爷的问话,沿之字形山路跑向内玛扎迪所在的波士提。

阿哈玛德跑过山坡、山脊、矮树林、村庄、台阶,一路上逢人便问内玛扎迪的家,可是波士提很大,没人能告诉他准确的信息,就连遇到的同班同学也只知道内玛扎迪的表哥赫玛迪的家有蓝色的大门,并且离公共浴室很近。

偶然间,阿哈玛德在一个安静的院落门口,看见绳子上晾着一条和内玛扎迪穿过的一模一样的裤子,可是转瞬之间那条裤子又不见了。阿哈玛德找到了蓝色大门,他大喊"赫玛迪",却没人理他。

已经快黄昏了,阿哈玛德还没有买面包。他只好飞快地跑回家。阿哈玛德跑到家门口,被爷爷叫住,问他慌慌张张地要去干什么,阿哈玛德骗不过爷爷只好承认"送同学的作业本"。阿哈玛德突然发现门口给邻居做门的木匠叫内玛扎迪,于是拼命追赶骑驴的内玛扎迪先生,一直追到波士提。可是他并不是内玛扎迪的爸爸。

天黑下来,孤独的木雕窗户老艺人声称他认识内玛扎迪的家,而实际上,他带着阿哈玛德几乎看遍了所有附近他亲手雕刻的美丽的木窗就走不动了。

筋疲力尽的阿哈玛德摸黑回到家中,他坐在墙边默默地哭泣。妈妈劝阿哈玛德吃点东西,阿哈玛德不肯吃饭。雨夜,他趴在地上认真地给内玛扎迪把作业抄好。

第二天早晨,阿哈玛德迟到了。老师检查作业的时候,内玛扎迪痛苦地趴在桌子上,他把作业写在了一张纸上,眼看老师就要检查到他了,阿哈玛德终于到了。老师在内玛扎迪的作业本上写了一个"好"字。

2. 结构大纲

开端部:内玛扎迪的作业本(22分钟)

* 老师告诉阿哈玛德的同桌内玛扎迪,再不用作业本做作业就会被退学。
* 校门外,内玛扎迪摔倒,阿哈玛德扶起内玛扎迪,帮他用自来水洗干净裤子上的土。
* 回到家,阿哈玛德发现内玛扎迪的作业本,请求妈妈允许他把本子还给同学,妈妈不同意,他趁妈妈上楼,匆匆跑出院子。

展开部:第一次去波士提(23分钟)

* 阿哈玛德跑向波士提,询问背柴人、妇女、同学和搬石头的老头,看见内玛扎迪的裤子问老妇人,到蓝色大门找赫玛迪,全部失败。黄昏时分,匆忙飞跑回家。

递进部:第二次去波士提(26分钟)

* 爷爷让阿哈玛德去拿烟,闲谈伊朗的生活。

* 阿哈玛德遇到叫内玛扎迪的木匠,以为他就是同学的父亲,在后面追赶。
* 老窗匠带阿哈玛德去找内玛扎迪家,一路上介绍自己做的那些木窗,送给他小花,老人走不动了,阿哈玛德摸黑赶回家。
* 大风夜晚。阿哈玛德哭泣,替内玛扎迪写作业。

高潮部:老师的批语(6分钟)
* 阿哈玛德迟到,还给内玛扎迪作业本,老师在作业本上批了一个"好"字。

3. 场景分析

开端部
* 破旧木门,孩子们喧哗。字幕。老师影子映在门上。
* 老师推门进入教室,孩子们立即安静了下来。
* 老师开窗,脱衣,训话。
* 老师斥责:"老师就晚到了5分钟,你们竟然乱成这样!"
* 老师检查小学生的作业,责问内玛扎迪为什么用纸写作业,而不用作业本,已经第几次了?
* 内玛扎迪哭泣回答是第三次,老师说再有一次内玛扎迪就会被退学。
* 阿哈玛德对内玛扎迪充满同情,他们都穿着衬衫和毛背心。
* 内玛扎迪说:昨天把作业本忘在表哥家了,迟到的赫玛迪进教室,说内玛扎迪的作业本在他那,老师说内玛扎迪说谎,内玛扎迪说赫玛迪就是他的表哥。
* 老师重申:每天要先写完作业再干其他事情,不要把作业本带到别人家里,写完作业就要把作业本放在书包里收好,每天晚上要早睡10分钟,早晨要早起10分钟,这样上课才会有效率。

电影《何处是我朋友的家》剧照

场景分析:
* 师生间的秩序权力。老师颁布了法令,内玛扎迪再次违反法令就要遭到惩罚。
* 放学了,孩子们边游戏边离开学校。(小全景)
* 内玛扎迪摔倒,阿哈玛德扶起内玛扎迪,帮他用自来水洗裤子。(中景,洗裤子是伏笔)

* 阿哈玛德家院子。(小全景)
* 阿哈玛德回到家,妈妈正在院子里忙碌,奶奶在慢慢的上楼,婴儿弟弟在摇床上大声哭叫。
* 阿哈玛德帮妈妈收衣服,小朋友在外边叫他一起去玩游戏,他不去,还说要做作业。
* 妈妈让他给婴儿灌奶瓶,又让他过一会儿去买面包,他必须赶紧写完作业。
* 阿哈玛德上楼给弟弟的奶瓶灌奶,奶奶训斥他穿着鞋子会把地板弄脏。
* 哥哥阿里正在做作业,还有3行就写完了,写完作业他就可以去玩了。
* 阿哈玛德跪在院落一角准备写作业,妈妈在舀水洗衣服。(他的主观镜头)
* 阿哈玛德突然发现内玛扎迪的作业本在自己书包里,对妈妈说:"我不小心拿错了同学的作业本。""如果不把作业本还给同学,老师会开除他的。"
* 妈妈忙得根本没理阿哈玛德,阿哈玛德又不断重复:"这是我的错,我会把他害死的。"
* 老奶奶走下楼告诫阿哈玛德上楼要脱鞋,阿哈玛德坐立不安,请求妈妈允许他把本子还给内玛扎迪。
* 阿哈玛德越来越焦虑,妈妈根本没听他在说什么,忙着晾衣服。(中景)
* 阿哈玛德再三请求,却被妈妈严厉呵斥:"做作业去!""等爸爸回来,我叫他教训你!"
* 妈妈继续晾衣服,阿哈玛德写作业,继续努力劝说,把拿错的本子给妈妈看:"老师说如果作业不写在本子上,就退学。"妈妈问内玛扎迪住哪里,"波士提。""太远了。""都是我的错,我一定要还给他。"
* 哥哥阿里穿好鞋子出去玩了,妈妈去照顾婴儿了,妈妈要阿哈玛德写完作业去买面包。
* 阿哈玛德趁妈妈上楼照顾弟弟,拿上内玛扎迪的本子正要跑出去,幸好他留心看了一眼本子,果然又拿错了,赶紧换了过来。
* 阿哈玛德把本子藏在毛背心里面跑出院子。(音乐,铃鼓起)

电影《何处是我朋友的家》剧照

场景分析:
* 影片的一般场景采用小全景,让观众与事件保持一种客观、理性的审视距离。在表现人物主观情绪时,则会插入一些中近景,使观众更接近事件现场,感受当事人的主观情感。
* 家庭父母对孩子制定了一套规则和要求,大人与孩子话语权严重倾斜。母子无法沟通。
* 阿哈玛德必须纠正自己的错误,以免内玛扎迪遭到严重的惩罚。大人的惩罚构成了孩子的耻

辱感和恐惧，孩子承受着沉重的责任，却不享有相应的权力。

展开部
* 阿哈玛德冲出院门穿过小街，沿之字形山路跑向波士提，山野上远去的渺小身影。全景。音乐。
* 爷爷问坐在街边的另一个老头，我孙子去波士提干什么？（中景）
* 男孩一直在跑，山坡、山脊、矮树林、村庄、台阶……（全景）
* 碰见背柴人，阿哈玛德问他内玛扎迪家，背柴人大致给他指了一下。（牛叫声）
* 沿着曲折的山路，走过迷宫般的村庄，进入一个广漠的世界。（明快的镜头节奏）
* 阿哈玛德帮着一个妇女把从楼上掉下来的床单往上扔，并问内玛扎迪住哪里，妇女问他大致住在什么地方，"波士提！""波士提的什么地方，波士提可大了，波士提的什么区？""波士提！"遇到同班同学，但他只知道内玛扎迪的表哥赫玛迪的家大概住哪，他说赫玛迪家有蓝色的大门，并且离公共浴室很近，阿哈玛德乱找，一会儿找赫玛迪，一会找内玛扎迪。（一波三折）
* 阿哈玛德问搬石头老人，内玛扎迪家住哪，老人不耐烦，不回答他任何问题，阿哈玛德执着地问，他也只不过说：不知道。
* 阿哈玛德继续往前走，在更高的一个安静的院落门口，发现绳子上晾着一条"内玛扎迪的裤子"，阿哈玛德爬上台阶大喊，喊了半天却没人理他。猫一直在叫。
* 阿哈玛德又沿着原路退回，问搬石头的老人那家是不是有人，老人仍旧没工夫理他。
* 阿哈玛德从另一边看见房间有人，于是去敲门，仍然没有人开门，等了半天，一个身上和头上包裹得很严实的老妇人终于开了门，老妇人不愿走路，阿哈玛德坚持要老妇人看一眼那条裤子，老妇人终于同意走出院门去看看那条裤子，那条裤子正好被人刚刚收走。

电影《何处是我朋友的家》剧照

＊男孩继续沿街寻找,他来到公共打水的地方,许多妇女告诉他,他要找的蓝色大门是内玛扎迪表哥赫玛迪家,阿哈玛德冲着蓝色大门大喊"赫玛迪",可是没人理他。有人说:"五分钟前还在。"

＊已经快黄昏了,阿哈玛德飞快地沿原路跑回。

场景分析:

＊阿哈玛德跑下山。一系列大全景,景物和阿哈玛德来的时候所走的路完全重复。

递进部

＊阿哈玛德跑进家门口,被爷爷叫住,他搪塞说要去买面包,爷爷拆穿他,问他去波士提干什么,阿哈玛德只好说"送同学的作业本"。爷爷让他回家把烟拿来,阿哈玛德说,面包店就要关门了,爷爷坚持要阿哈玛德把烟拿来。

＊爷爷得意地告诉在一起晒太阳的老头,他之所以有烟还让阿哈玛德去拿烟,是要让阿哈玛德懂规矩。他小时候,父母每四天才给他一次零花钱,并且还要打他一次,有时候给零花钱的事情忘记了,可却忘不了打他。爷爷还说,有一次修铁路,伊朗的工程师总是比外国的工程师少拿一半的钱,那是因为他们总是偷懒,按他们的话说,对外国工程师说一遍的事情要对他们说两遍,所以他们的工资总是人家的一半。

电影《何处是我朋友的家》剧照

场景分析:

＊爷爷的"教养"理论,孩子不论对错,唯有服从。采用简单粗暴的惩罚办法,顺便找个理由揍孩子。

＊门匠向一个老头家讨工钱,让老人再付100元,同时向别的正在晒太阳的老头推销铁门,阿哈玛德跑来告诉爷爷他和妈妈都仔细找了,就是没找到爷爷的烟。

＊门匠强行从阿哈玛德手中抢过内玛扎迪的本子要撕里面的纸,阿哈玛德告诉他本子不是自己的,而是同学的,并且撕纸老师会批评的。门匠仍从中间撕开了一张纸,登记做新门的人,并告诉阿哈玛德,老师根本看不出来。

＊阿哈玛德听到他也姓内玛扎迪,问:"你是内玛扎迪先生吗?"可是内玛扎迪先生根本不理睬他的询问,收拾起东西,骑上满载的毛驴走了。

电影《何处是我朋友的家》剧照

场景分析：

* 孩子眼里看到的成人世界。孩子的作业本被撕了，没有人出来阻止，大人对孩子的询问也置若罔闻。

* 阿哈玛德拼命追赶骑驴的内玛扎迪先生，希望他就是内玛扎迪的父亲。一系列大全景，一直沿路追到波士提。

电影《何处是我朋友的家》剧照

场景分析：

* （长镜头）孩子从山下到小街，一路在林中和街道上的奔跑。铃鼓声。

* 驴矫捷地爬上村庄的石阶，阿哈玛德一直紧追不放，可是驴和人还是不见了。（小全景）

* 阿哈玛德正在焦急之中，突然听见了铃铛声，发现在一个院子内，内玛扎迪先生正拿着一扇做好的窗户放往驴背上放，他的儿子正搬出另一扇窗子，男孩子整个上身都被窗户遮住，裤子和内玛扎迪穿的一样。父亲骑驴走了，男孩发现了阿哈玛德，"我找内玛扎迪。""我也叫内玛扎迪，我不认识你要找的内玛扎迪，到铁匠铺那边去问问吧。"

场景分析：

* 阿哈玛德以为自己能够很容易找到内玛扎迪的家，结果却发现波士提很大，姓内玛扎迪的人

电影《何处是我朋友的家》剧照

家也很多,不但如此,似乎波士提的小男孩都穿着和内玛扎迪一样的裤子,他两次翻山奔跑到波士提都没有找到。他发现,这个世界是那么陌生。

* 情境进一步激化。世界将它的神秘和广漠向阿哈玛德展开。

* 天渐昏暗,阿哈玛德来到一黑洞门中,里头传出敲打声,阿哈玛德从一个很大的墙缝向院子中间窥视,一群羊安静地从他身后经过,却没有牧羊人。(中景)

* 突然,灯光从窗户里面投射下影子,门突然打开,照亮了一面墙,阿哈玛德大喊,又敲门,一老人问:"孩子,有什么事吗?""我在找内玛扎迪。""他家住这吗?""他家门边有棵树。""这里有树的地方很多。""是棵枯树。""枯树也很多,不过,我认识他家,你知道公共浴室吗?""不知道。""我带你去吧。"(需要陪伴的寂寞老人)

* 老人缓慢走出来,正好遇到一个卖苹果的,"给你的儿子买个苹果吧!""我没有儿子。""那就给你的孙子买苹果吧。""我没有孙子。""那你买吧,很好的苹果。"

* 天黑,老人走得非常慢,缓慢地聊天(小全景)。一个闪烁着温暖灯光的窗户,"这个窗户是我40年前做的,现在的新房都换了铁门,那扇窗户是我和我弟弟一起做的,后来我做的窗户被城里人买走,说是盖房子用,可是,我去城里到处找,哪都没找到我做的门窗,感觉好寂寞。"

* "我要洗个脸,这水真好,是泉水。这花送你。"老人采了一朵水边的小花,递给阿哈玛德。

* "老爷爷,能不能快点走?""前边就是你朋友的家了,那一扇窗也是我做的,我在这儿等你。"这是一扇漂亮有彩色玻璃的手工窗户。(两个人的行为目的错位)

* 同学家门前,电闪雷鸣,孩子不敢往前,开始往回走。(神话色彩)

* 老爷爷说:"我继续带你参观我的门窗。""我要回去买面包。我会被爸爸骂的!""要不要我陪你回去,反正我老了,晚上睡不着。""不用,你太慢了。"老人越走越慢:"你冷不冷啊?要不穿我的外套?""你能不能快点儿?""这样够快了吗?""爷爷快点,我来不及了!"(犬吠)

* 阿哈玛德很着急,老人终于走不动了,靠在墙边:"你先走吧,我累了。"起风,树叶被刮得很厉害。阿哈玛德飞跑,狗叫,他躲在一边,老爷爷赶过去,"我到家了,你自己走吧!"阿哈玛德摸黑赶路。(无助的孩子和无助的老人,他们无法给予对方任何帮助)

* 老人脱鞋上楼,脱衣,开灯,动作因疲倦而缓慢,满屋都是木匠活(小全景),老人关上窗子,透过窗棂的灯光突然被遮住。(象征死亡)

场景分析:

* 一老一小,行动一块一慢,节奏突然在暮色将垂之时转慢,让观众感到压抑和焦急,阿哈

电影《何处是我朋友的家》剧照

玛德陷入了危机,他根本没办法找到朋友的家,他在天黑以后不得不翻山赶回家,他感到沮丧和委屈。

* 儿童的时空观念比成人的更为广大和漫长,更为新鲜和充满戏剧性。在成人眼中,这是一个乏味、无效、失败的下午和夜晚,但在孩子看来,这是一个漫长的旅程,充满了未知的探险。美丽的窗棂中透出的灯光,永远刻入了孩子的记忆。

* 阿哈玛德已经回到家中,他坐在墙边默默地哭泣,妈妈端来饭,他也不吃。

* 爸爸正在一边专心地听收音机,阿哈玛德又委屈又沮丧。"你不吃我就收起来了。"妈妈收起饭菜:"你不困吗?去睡觉吧!""我还要写功课。"(中景)

* 阿哈玛德沮丧地默默哭泣。(近景)

* 阿哈玛德拿着自己的作业本进屋,阿哈玛德趴在地上认真给内玛扎迪把作业抄好。(中景)

* 外面,电闪雷鸣。

* 风声越来越大,阿哈玛德身边的门突然被大风刮开了,阿哈玛德呆呆地看着院子里正在收拾晾干衣服的妈妈。这些本应该是阿哈玛德干的活。

电影《何处是我朋友的家》剧照

场景分析:

* 神奇的夜晚,童话色彩,诗意的日常生活。

高潮部

* 教室里阳光明媚,老师进教室,开窗,脱衣。

* 老师查作业。一个学生报告:"老师,阿哈玛德还没有来。"老师:"把你们的功课拿出来,老师要检查你们的作业。"

* 内玛扎迪痛苦地趴在桌子上,焦虑、不知所措,桌子上放着他写在一张纸上的作业,眼看老师就要检查到他了,还好,老师询问起另一个学生为什么没写作业,"我背疼",老师批评那个同学应该

把作业写完。(中近景)

　　* 这时,阿哈玛德出现在教室门口,老师询问阿哈玛德为什么迟到,以后不许迟到了,阿哈玛德被允许坐到座位上。(课堂里的一切,都是前一天的重复)

　　* 老师检查到了阿哈玛德的作业:"功课写好了吗?""写好了。""拿错了,这是内玛扎迪的作业本。"内玛扎迪和阿哈玛德赶紧换过作业本。

　　* 老师判完阿哈玛德的作业,拿过内玛扎迪的作业本:"你叫什么名字?""内玛扎迪!"老师在作业本上写了一个"好"字。

　　* 本子中间夹着老爷爷送给阿哈玛德的那朵已经干枯的小花。(欢快的铃鼓起)

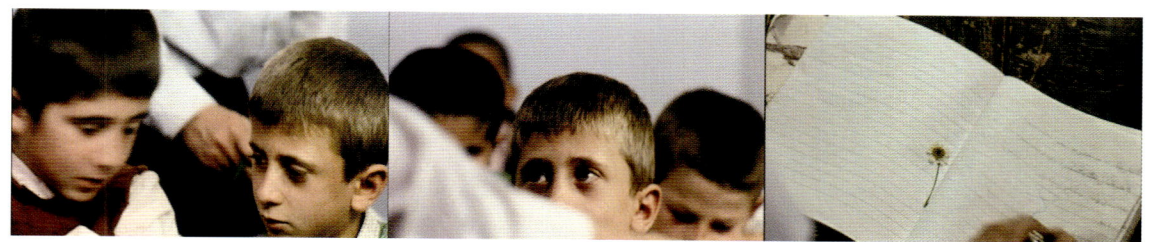

电影《何处是我朋友的家》剧照

场景分析:

　　* 干枯的小花宛如一瓣心香,代表着长者的祝福,这是弱者对弱者的悲悯和温情。

　　* 孩子骗过了老师,换得一个"好"的评语。孩子承受了压力,战胜困难,慢慢长大成人。

4. 主题思想

　　影片中的孩子阿哈玛德是伊朗北部乡村一个农民的儿子,二年级八岁,他陷入了一个在他看来很严重的困境,因为自己错拿了同学内玛扎迪的本子,必须想尽一切办法弥补自己的过错。他服从内心的良知,笨拙、艰难地承担自己的责任。阿哈玛德两次前往波士提,几经曲折,最终无功而返。

　　这是一个平凡的下午和黄昏,对这个孩子来说却发生了充满传奇色彩的一段冒险经历。在波士提的这个傍晚,他突然发现自己站在一片辽阔的世界空地上,独自面对整个宇宙和人生,他感到前所未有的孤独和弱小。我们都曾有过相似的经历,在八九岁的时候,由于身体发育会在夜晚梦到自己从山崖上坠落,有时会在街头或学校操场上突然感到自己身处在一个陌生的世界。编导唤醒了我们遥远的记忆,触动了我们每个人内心深处最柔软的地方。

　　影片中,阿哈玛德敏感的良心和周围成人的冷漠形成鲜明的对比。他忍受着成年人的驱使和漠视,脆弱的情感被责骂一次次刺痛,稚嫩的心里被粗砺的生活反复揉搓。阿哈玛德默默地承受着这一切,未曾泯灭心中的那份纯真。

　　本片导演有一种在日常生活中发现美的眼光。他开启了一个被人们视若无睹的世界——儿童的世界。他关注着这个贫困国家中最弱小的群体,揭示出在孩子幼小的心灵中,隐藏着的种种奥秘和辛酸。孩子们生活在社会最低层,没有话语权,却背负着沉重的责任。这是一个不被倾听的无声世界。

　　在广漠、神秘的波士提,无助的阿哈玛德最终遇到了一个愿意帮助他的人,他却是一个比阿哈玛德更加无助的老人。老少两人的目标和行为是完全错位的,甚至是相互冲突的,他们不能为对方提供任何实质上的帮助。导演通过这两个无助者的互助,展示了弱者身上的人性光辉。整个故事像一篇浑然天成的美丽童话。

影片展示了贫困的伊朗村庄自给自足的生产方式、简陋的手工作坊、缓慢的生活节奏。导演阿巴斯对纯朴自然的乡土文化怀着深深的眷恋之情。他必须面对这样的现实,在伊朗,精致而古老的手艺正在消失,传统的东西越来越少。电影里出现了两种门:铁门和木门。美丽的木刻雕花门窗在夜色中美妙非凡,而铁门只是为了安全制造的。冰冷、机械的铁门和温暖、美丽的木门形成强烈对比。

影片从一个孩子的角度描述了被时代撕裂的伊朗,一面是乡村文明垂老不堪,一面是工业文明正在崛起。在黄昏降临之时,老木匠熄灭了他的窗灯,孩子脸上流露出无尽迷惘,这些都传达出导演对传统文化失落的焦虑和惆怅。

导演通过影片表现了伊朗农民是如何在乡土中安之若素地生活着。影片告诉人们,无论伊朗怎么贫穷,人们凭着顽强的生命力量,仍旧会生生不息,并且创造出属于他们自己的未来。与其说这是一种哲学的思考,不如说,这是一种对本民族的天然信念。

影片批评了傲慢的铁门商人和用暴力管制孙子的爷爷。导演把希望寄托在生活与社会底层的弱者身上。在造木门窗的老木匠和孩子身上,显露出许多宝贵的品质——良知、仁善、坚韧、顽强,它们正是伊朗民族生生不息的根源。伊朗的传统精神在弱者之间默默传递着,他们是伊朗未来的希望。

从题材上看,这是一部儿童成长影片,但在它的内部却包含着一个民族成长的寓言。

5. 影片风格

阿巴斯·基阿鲁斯达米,1940年6月22日生于伊朗首都德黑兰,毕业于市立美术学院。他的"村庄三部曲"(《何处是我朋友的家》1987、《生活在继续》1991、《橄榄树下的情人》1994)均在北部山区拍摄。因为伊朗的审查制度,他主要以拍儿童题材为主,多采用纪录风格,几乎不使用职业演员。

阿巴斯用朴实的记录手法将日常生活与哲理寓言自然地组合在一起,构成了独特的电影风格。他通过电影镜头将日常生活场景陌生化,使之上升到诗歌和哲学的高度。这种叙事风格,体现出古老的波斯文学的影响。在古波斯人看来,宇宙的神秘就隐藏在俗世的酒盏之中,道德命题和人生箴言产生于日常的人生困境。在传统文学影响下,伊朗电影导演常常通过一件日常平凡的小事(一个作业本、一双小鞋子、一条小金鱼),表现出宏大的社会主题。伊朗电影《生生长流》(1992)、《谁能领我回家》(1997)等,都是通过平凡的生活场景,展示出伊朗正在走向现代化的历史步伐。

阿巴斯的电影从巴赞的长镜头理论中汲取了许多营养。影片经常使用小全景,只有少数近景,很少特写镜头。该片的镜头明显偏少(总共不到30个镜头),长镜头很多,节奏缓慢,正好与所表现的乡村生活同步。在故事叙述上,多采用孩子的主观视角。影片的场景范围不大,一些乡村场景被反复运用。

阿巴斯的影片不强调构图的美感,他追求叙述的简明性和场景的真实性,在日常生活场景中制造一种陌生化的效果,让观众去思考镜头之外的意象。他大量使用非职业演员,人们在镜头前面各说各话,随意走动,再现了生活的原生形态。

这部影片的手工风格与工业化的好莱坞电影形成鲜明的对比。伊朗的许多电影产生于"手工作坊",机械设备简单,资金匮乏,摄制人员少。阿巴斯作品的手工性与资金不足、设备不够有直接关系。他自己经常兼做编剧、剪接、美术等工作。阿巴斯电影的镜头朴实、简单,但是却没有明显的粗糙感,堪称技术精湛。拍摄条件决定了阿巴斯影片的朴素风格,艰苦条件催生了新的电影表现手法。

电影《何处是我朋友的家》在多个世界性电影节上得到了广泛赞誉。阿巴斯被认为是"90年代世界影坛出现的最重要的电影导演"。法国导演戈达尔,在戛纳电影节看了阿巴斯的影片后宣称:电影始于格里菲斯,止于基阿鲁斯达米! 黑泽明说:语言无法描述我对其作品的感受,当沙特亚捷·雷去世的时候,我曾非常沮丧。但看过阿巴斯的电影之后,我感谢上帝给了我们一个最为合适的人来接替他的位置。

在阿巴斯的电影中,看不到好莱坞的陈词滥调,处处流露出东方传统叙事的影响。正是伊朗的文化传统和自然地理环境,决定了伊朗电影人如何生活,如何思想,用何种眼光审视美丽的事物。阿巴斯的实践证明,只有对民族文化有充分自信,坚定地用自己的眼光,自己的审美价值,讲述属于自己的故事,才能在世界电影之林中占有一席之地。

第二章　分镜头脚本

一、分解剧本

将文学剧本分解成导演分镜剧本其实并不神秘,只需简单的阅读剧本,并删除可能影响制作的因素即可。导演分镜剧本直接影响到前期工作和制作阶段,并且间接影响着后期制作的各个阶段。在导演分镜剧本中,每个场景都必须有编号,但只是场景或提示行才有编号。场景编号是给电影制作过程中每个参与者提示故事情节的一种制作技巧,也为后期制作的剪辑工作提供电影剧情结构性指导,使整个影片拍摄平稳地过渡到后期制作阶段。提示行的意思是指某个场景是在室内、外景或布景,是在白天或者夜晚。例如:

22. 内——叶琼的家——夜晚

这里的"22"是场景编号,"叶琼的家"是场景的地点,"夜晚"是场景发生的时间。

剧本中除了必须写进去的主观镜头拍摄外,不会涉及到具体的拍摄。导演必须用自己的创造性理解来诠释剧本。剧本往往是简单地暗示某种行为,而非将每个镜头均写完全。所以,这时,导演就必须通读剧本,加以适当改动,以期清晰地分解故事。例如:

22. 内——叶琼的家——夜晚

叶琼走进客厅,把手提包放在沙发上,她看了一眼墙上的挂钟,走进了卧室,一边哼唱着歌。当她着急走出卧室时,一个小偷听到了叶琼的脚步,便站在厨房的门后,静静地等候。叶琼脱光了衣服,丢在地上,然后走进了浴室,打开龙头,拉上淋浴帘。

仔细研究一下剧情,会发现有四个不同的场景:①大门里面的客厅;②过道;③小偷隐藏的厨房;④有喷头的浴室。在这一场景的中间,画面切入厨房,表现正在等待的小偷,或者在叶琼走进浴室的时候,小偷从厨房门后探出了脑袋。因为有很多可变的因素,例如选择地点、拍摄时间、演员的表达能力、导演的观念等,所以在第一次分解场景的时候,导演应该以下面这种方式重新编排:

23. 内——叶琼家的客厅——夜晚

叶琼走进了客厅,把手提袋放在沙发上,她看了一眼墙上的挂钟。

24. 内——叶琼家的过道——夜晚

叶琼走进了卧室,一边哼唱着歌。她急着走出卧室,把衣服脱下丢在地上。

25. 内——叶琼家的厨房——夜晚

一个小偷躲站在厨房的门后,静静地等候。当他听到了叶琼的脚步声时,就悄悄地推开厨房门,把头探到通道。

26. 内——叶琼家的厨房——夜晚

叶琼走进了浴室,然后打开龙头,拉上淋浴帘。

确定拍摄地点以后,如果家的拍摄场地中并没有通往卧室的过道,那么上述的分镜就成为导演理解并调整每个场景的全部细节。如果场景布局和剧情要求完全一致,那么上述的场景将会和预选的描述完全一样。要注意的是,场景的编号是不同的,因为在每一个场景中,由于故事从一个地点转向另外一个地点的戏剧目的不一样,可能设置不同的机位。如果是一个连续的拍摄,则制作版上的每一个单一条目,就会在一个时间中同时反映出23、24、26,而第25场景则是一个在厨房的单独场景。

35. 鼓楼大街蒙太奇

叶琼带着赵军沿着鼓楼大街挨家逛商店,想去买一条新裤子。

同样的问题又出现了,挨家逛商店就意味着,不仅有一家但又不知道有多少家商店,仅此一个场景可能就需要一个分解页,以构成蒙太奇。因而,应当做一个标记,即当选定商店之后,分解页上应当包括每一个商店。拍摄的时候要求在每一个地点设置一个新机位,因而也需要分解编制分解页,但是,每页的场景编码依然都是35,因此每个号码后可以加一个字母,比如:35A、35B、35C等。虽然在场景拍摄顺序上不同,但是,它们都是第35场景的组成部分。这是由于故事的戏剧目的是要在叶琼和赵军购物的时候,保持连贯的激情。蒙太奇的戏剧目的一直没有变化。

剧本上经常会有电话交谈的戏,并且暗示其中的断点。

43. 内——餐厅——白天

赵军给叶琼打电话,叶琼正在等赵军回家。
赵军:叶子,我会晚一点儿回来。
切断。
叶琼:可是我今晚已经做好了一桌菜。
赵军:这也是实在没有办法,我今天会加班到很晚。
镜头表现一个女孩和赵军坐在一起。
叶琼:你会多晚呢?
赵军:这要看什么时候能把材料整理完。
叶琼:好吧!
她挂上了电话,看着摆满一桌的菜。

仔细审视一下这个场景,就会发现这是两个地点,三个人物的场景。这一场景有两个不同的地点:餐厅和叶琼家的客厅。所有地点的编号都相同,即43,但一个是43A,另一个是43B。在拍摄日程安排上,这些场景的拍摄时间都不同,而且,扮演叶琼的演员在表演对话的时候,扮演赵军的演员很可能并不在场。剧本已经有提示,需要切换场景,这就是上面标出切断符号的原因。

另外,剧本中的一个场景要求人物要观看电视节目。如果电视里的场景是故事的一部分,那么电视的场景也要有一个场次号码,以此说明它将成为整场戏的一部分。如果导演希望拍摄演员正在看电视,那么就必须在这之前,先安排电视播放的内容。

还要就是,虽然剧本一般都尽可能避免写出特定的拍摄或角度,但是也会经常标示出"主观镜头"。例如:

63. 内——客厅——夜晚

叶琼坐在沙发上看书,她听到一辆车开到楼下,就走到窗前,望着楼下。(主观镜头)她看到赵军和一个女孩钻进出租车里,然后出租车开走了。她一边放下窗帘,一边哭。

这一"主观镜头"拍摄时是几个完全不同的场景,因此应该重新进行次序安排。

63. 内——客厅——夜晚

叶琼坐在沙发上看书,她听到一辆车开到楼下,就走到窗前,望着楼下。

64. 外——马路——夜晚

赵军和一个女孩钻进出租车里,然后出租车开走了。

63. 内——客厅——夜晚

她一边放下窗帘,一边哭。

有时候剧本里会有发生在汽车里的情节。

73. 内——出租车——白天

叶琼和赵军正从机场坐出租车回家,双方谁都不愿意和对方在一起。
赵军:等会儿我直接在前面路口下车。
叶琼:为什么?去见那个女孩?

虽然场景设计在汽车里,但是拍摄场景的地点却不是在车里。可能是在一条街或者高速路上。制作因素决定导演如何解释某一情节,导演可以表现汽车在高速路上行驶,同时观众听到外景拍摄的对话。导演也可以拍摄演员在汽车里,那么就必须要有另外一辆车拖着这辆车才可以。

这些例子表明必须要仔细地阅读剧本,并且尝试把表演内容形象化,同时尽量减少对话,因为这和制作的表演形式基本上没有什么关系。项目编号完毕之后,就可以把剧本分解为表演因素,并完成每个场景的连续性分解页码。分解因素直接影响着拍摄时间和使该项目具象化的费用。

剧情：

文静是个娱乐记者，在一次聚会的餐馆里，文静遇到在一家美国投资公司做基金总监年届四十的李文卿。那天文静给了李文卿一片可以镇痛的阿司匹林，使已离婚的李文卿爱上了文静，在李文卿的强烈攻势下，两个人开始有了关于爱的交集，相互关爱的依恋，文静也开始渐渐找到爱的安逸。但同时，文静要在成为美国中产的老婆和继续等待爱情之间做出自己的选择……

《阿司匹林》导演：鄢颇 2006 年 中国

剧情：

秀真是富人家的千金，过着锦衣玉食的生活，可她却有着非常严重的健忘症。哲洙是一个私生子，在建筑公司当工人，他虽然有母亲，却没有享受过家庭的温暖，他的梦想是成为建筑师。由于出身贫寒，哲洙不敢轻易地表白和允诺。终于，秀真向哲洙求婚了……

《我脑海中的橡皮擦》导演：李载汉
2004 年 韩国

二、制作板术语

* 题目：项目的名称。
* 导演：导演的名字。

* 布景：在每一场景的提示行中的场景描述。如"叶琼家的厨房"就是场景提示行中的布景。
* 场景：即场景的编码。
* 分解页(BD)号码：分解页号码应当连贯，场景号码和分解页号码并非总是一致的。场景号码根据剧本有一定的变化，但是分解页是必须连续的。

表 2-1　连续分解单

名称：	B.D.页码 #55
制作号码 #341218	场景：室内
导演：	白天、晚上：白天
布景：市中心街道电话亭	外景、摄影棚：外
情节：#56A	剧本页码：64　7/9

提要：主角 A 告诉主角 B 他要去应酬。

演员：	气氛：	道具：
群众演员：	场景：	化妆：
		服装：
摄像：	特技：	车辆和动物：
照明：	音响： 录音：	音乐：

注释：使用主角 B 在 54B 中的声音。道具车装运电话亭。

* 场次：标注在提示行中的场景是室内(INT)或者室外(EXT)，拍摄内景和外景所需要的光源和布景要求不同，这些问题处理不当，都会延长拍摄时间。
* 白天或者夜晚：提示行中标注场景是白天或者夜晚。这并不表明场景只能在一天的什么时间拍摄，只表明故事中的戏剧行为发生在白天或者夜晚。制作过程的要求，在白天室内、白天室外、夜间室外和夜间室内的场景中，均不断变化。
* 外景或者摄影棚：提示场景是外景，还是摄影棚。外景和摄影棚拍摄技巧存在很大的差别。
* 剧本页数：剧本页数应该写在场景一行下面，这样在需要看剧本的时候，就会一目了然。
* 梗概：就每个场景写一个很短的一句话描述。比如"主角 B 走进浴室"；或者"主角 B 唱着歌在洗淋浴"；或者"主角 B 和主角 A 在鼓楼大街买衣服"。
* 演员：指剧情人物扮演者中，有一段或者几句台词的人，他们和那些没有台词的人不在一个名单里。在某些情况下，特定故事中的重要人物虽然没有台词，但也要列入演员名单。

* 小角色：小角色是在场景中没有台词，但却和主要演员有重要交流的人物。通常在场景描述中，他们有相应的通用名词，比如：侍者、门童、女管家和行李员等。例如"侍者为主角 B 和主角 A 把饭菜端到桌上。"在分解页中应当列明场景中所有的小角色。

* 群众演员：为角色塑造表演背景而人为制造场景的演员。在剧本中可能会这样写："主角 B 和主角 A 通过熙熙攘攘的人群，走进了机场的大门。"在分解剧本的时候，要确定构成"熙熙攘攘的人群"的人数数量和性别。如果需要一个特定人物制造气氛，那么这个人物就要单独列出。比如，剧本中写道："主角 B 和主角 A 通过熙熙攘攘的人群，走进了机场的大门的时候，碰到了一个日本老年旅行团。"那么，就应当将这些日本老年旅行者标注，以有别于其他的群众演员。

* 特技：注明每一个场景所需要的所有效果，比如说河流上升起的烟雾。在确定需要何种效果的时候，导演必须仔细阅读剧本，并认真思考各种因素之间的逻辑关系。特技效果的描述可能很模糊，比如"主角 B 在一个充满蒸汽的浴室淋浴。"演员可能无法在一个热的可以有水蒸汽的浴室进行实际表演，但由于导演需要蒸汽作为一种效果来展现表演者的内心世界，所以需要一个效果人员来制作蒸汽。

* 化妆效果：是指剧情要求并由演员表演出来的特殊效果。如果一个角色死亡，剧本要求可以看见裂开的伤口，那么就一定要一个化妆师。这些效果需要时间，必须清楚在哪些特定场景中需要化妆师，并且全部标注在分解页中。

* 音响：某个场景在拍摄的时候是有声还是无声。绝大部分场景有对话，因此，制作的时候需要录音，但是导演一般希望，只要有可能，无论是否对话，对所有的场景都进行录音。有许多场景没有必须录音，因为声音可以在后期制作中加上，对于这些场景，在分解页中要标注无声拍摄。

* 音乐：在拍摄某一特定场景的时候，要标注是否需要音乐。如果需要，就必须事先录制背景音乐或者在录音现场演奏的音乐。

* 道具：导演必须要列出所有演员使用的道具。"镜头划过了一盏马灯，撬进树干的斧头，一个生锈的独轮车，然后落在了正在吃午饭的主角 A 身上。"分解页中的道具栏中，就必须填上马灯、斧头、独轮车，还有午餐。

* 车辆和动物：剧情所需要的车辆和动物。不是指用于运输拍摄器材的车辆或动物，而是指出现在电影中的车辆和动物。在分解页中标明的这些车辆或动物有必要像编排演员一样编排，必须知道在哪一天，这些车辆或者动物应该出现在日程表上，并安排专人管理或者运输。

* 注释：在分解页底部有一个空格，是标明针对某一场景的特别想法或额外的制作材料。

三、制作板分解

在一个制作板中，有两个、四个、六个或者八个不同的小项。拍摄电影的话，设置六个或者八个小项是比较标准的，每个制作板中包括至少一个抬头和各种彩色的小项栏目。抬头部分在制作板的上端，并提示每栏的具体内容，每个栏目都是彩色板块，各自填写对应于抬头的分解单的内容。至少需要四种不同颜色的彩条，才能表现白天室内、白天室外、夜晚室内、夜晚室外。只要看一眼不同的颜色，就会立刻明白每个栏目的要求，如果项目要求某些场景有特殊的制作特征（比如：某些场景需要在移动的汽车中拍摄），那么有时也会用其他颜色的彩条表示。

抬头部分首先要填写的是：项目名称、导演名称、制片人名字和制作板上使用的最新分解剧本的日期。全部使用铅笔填写，这样随时都可以改动。在页码和名称之间的区域内，应填写标注以说明不同的颜色代表着什么情况（见表 2-2 和表 2-3）。

表 2-2 抬头

分解页	
白天/夜晚	
外景/摄影棚	
场景	
页数	
名称	
导演	
制片人	
助理导演	
剧本日期	
角色	演员
主角 A	1
主角 B	2
	3
	4
	5

表 2-3 7 栏抬头

分解页							
白天/夜晚							
外景/摄影棚							
场景							
页数							
名称							
导演							
制片人							
助理导演							
剧本日期							
角色	演员						
主角 A							

演员中的主要角色应当优先列出，名字填在角色一栏各条线中，编号自动分配给每个角色，每个人物出现在任一场景中，都使用同样的编号，以确认此人的身份。通常要首先列明主要角色，之后根据角色台词的多少逐一列出，有台词的人物都在抬头的角色一栏中列出。（见表2-4）

表2-4

角色	演员
主角A	1
主角B	2
配角C	3
配角D	4
配角E	5
	6

一些剧本中有许多有台词的角色，这时抬头里面就没有足够的空间填写姓名，在此类情况下，要相应地调整抬头。如果有台词的演员逐渐减少，较少台词的演员就可能不会同时出现在一个场景中，这样，就可以把抬头中的部分任务重新编排，以适应这种情况（见表2-5）。

表2-5

角色	演员	
主角A		1
配角B		2
		3
		4

当用铅笔在抬头上标注确定（有台词的）演员表之后，下一步就是为群众角色设定标示。利用板上四五行的空间，就可以为群众演员创设一个单独标识，每个小角色都有一个字母。此外，某一个场景需要的气氛也需要使用一个单独的方格（见表2-6）。并且，本栏还有一个空格，填写的数字表明在该场景中所需的人数，特殊的气氛要在底下单独标注。

抬头拟定之后，应将每一分解页的内容标注在每一独立的条目中。为了更加清楚起见，首先探讨条目的上半部分。

* 在分解页一行相对应条目的空格内，填入分解页号码。
* 在白天或者夜晚一行相对应条目的空格内，依据分解页上的内容，添入D（代表白天），或者N（代表夜晚）。
* 在场地或摄影棚一行相对应条目的空格内，根据选择在摄影棚或者外景地拍摄该情节而填入

表 2-6

角色		演员	
主角 A			1
主角 B			2
主角 C			3
主角 D			4
配角 A			5
配角 B			6
配角 C			7
配角 D			8
配角 E			9
配角 F			10
配角 G	11	送水生	15
文员 A	12	警察甲	16
文员 B	13	警察乙	17
董事长	14	前台	18
侍女 A	酒吧服务生 E	保安 I	19
侍者 B	清洁工 F	餐厅经理 J	20
交警 C	教室 G	厨师 H	21
气氛:30 辆轿车			22

L(代表外景地),或者 S(代表摄影棚)。预算要反应摄影棚的工作量和转移外景地的费用。

* 在场景一行相对应条目的空格内,根据分解页的内容,添入 INT(代表室内)或者 EXT(代表室外)。

* 在页码一行相对应条目的空格内,根据分解页的内容,在页码这一栏中填入场景的页数。

* 根据分解页的规定,在条目空间的较大部分,写上场景的道具和布局。对于没有填写场景数码的空格,这是因为场景数码会随时变化,但是分解码不会变化。虽然场景数码最终会有变化,但是如果能在每一栏中标明场景的数码,也会提高工作效率。

* 在表明"角色"和"演员"一行相对应的条目内,根据分解页的内容,填写场景数码(见表 2-7)。

表 2-7

分解页	1	2	3	4	5	6	7	8	9	10
白天/夜晚	D	N	N	N	D	D	N	N	D	D
外景/摄影棚	L	L	S	L	L	S	L	L	L	L
场景	EXT	INT	INT	INT	EXT	INT	EXT	EXT	INT	EXT
页数	7/8	5/8	2	2	6	5	4	1/8	5/8	3
名称：	主角A的公寓	主角A的卧室	主角A的厨房	主角B的公司	海滩	主角B的公司	主角B的办公室	公园	意大利餐厅	主角A的公寓
导演：										
制片人：										
助理导演：										
剧本日期：										
角色　演员	1	2	3A	3B	4	5	6	7	8	9

每项信息都与另一条信息有着直接的关系，以便导演迅速判断制作的拍摄转换过程。表 2-8 表现了不同信息输入不同栏目的具体办法，具体内容如下：

* 在每个角色对面的一栏中，填入角色的号码。
* 根据每个抬头不同的编制方式，有时一栏内可以填入两个数字。特别是有台词的演员比较多的时候，这样处理比较好。（参见表 2-8 中的 15 行 –22 行）。
* 在"小角色"栏目中填入分解页中各自的小角色（参见表 2-8 中的 23、24 和 25 行）。
* 如果根据分解页的内容，某个情节要求气氛，就在标明"气氛"的抬头一行的彩色方框填入 X。通常是在彩色结尾，但在综述之前。
* 从底线倒数第 6 行的空间内，填入分解页中该场景简要说明。
* 如果分解页中标明了特殊记号，在简要说明栏的底部应标注同样的记号（见表 2-9 第 8 栏）。
* 如果分解页中明确标注某一具体场景需要特殊效果，就必须在布景或外景方格里的彩条上标注一个粗线的（或彩色的）实心标点，以注明此类要求（见表 2-9 第 10 栏）。

表 2-8

赵军	1	1	1		1	1	1	1	1	1
主角A	2	2	2		2	2	2	2	2	2
主角B	3		3		3	3	3	3	3	3
主角C	4	4		4		4	4	4	4	4
主角D	5	5								
配角A	6						6			
配角B	7						7			

(接表2-8)

配角C		8							
		9					9		
		10							
		11					11		
		12					12		
		13							
		14							
警察甲 15		19	15			15	15		
警察乙 16		20				20	16/20		
消防员 17		21	17			21	17		17
18		22				18	18	22	
侍者A	教师	23	C/D				E	A/B	
侍者B	秘书	24					C		
护士C	董事长	25							
		26							
		27							
		28							
气氛		29				╳ 5 4 3			╳ 6 2
30辆汽车		30				30			
		31							
		32	主角A进入公寓						
		33							
		34							
		35							
		36							
		37							

表 2-9

分解页			1	2	3	4	5	6	7	8	9	10	飞机着陆
白天/夜晚			D	N	N	N	D	D	N	N	D	D	
外景/摄影棚			L	L	S	L	L	S	L	L	L	L	
场景			EXT	INT	INT	INT	EXT	INT	EXT	EXT	INT	EXT	
页数			7/8	5/8	2	2	6	5	4	1/8	5/8	3	
名称			主角A的公寓	主角A的卧室	主角A的厨房	主角B的公司	海滩	主角B的公司	主角B办公室	公园	意大利餐厅	主角A的公寓	
导演													
制片人													
助理导演													
剧本日期													
角色演员			1	2	3A	3B	4	5	6	7	8	9	
		1	1	12		1	1		1		1	1	
		2	2			2	2	2	2		2	2	
		3			3		3	3	3		3	3	
		4	4		4		4	4		4	4	4	
		5	5										
		6						6					
		7	7					7					
		8								8			
		9						9					
		10								10			
		11					11		11				
		12					12		12				
		13											
		14											
	15	19	15				15		15				
	16	20					20		16/20				
	17	21	17				21		17				
	18	22					18		18	22			
		23	C/D						E	A/B			
		24							C				
		25					⊠4/2					⊠5/4	
		26					30						
		27											
		28											
		29											
		30											

表2-9是制作板上尚未分解到每个拍摄日的部分，该表格以画面为基础分解项目，让导演了解某一场景可能会出现的问题，哪些场景可以和其他场景合并拍摄。它有助于制作人在银幕中演绎出更好的故事。

四、故事板制作

故事板是在纸上视觉化表现整部电影的视听语言。这样在进入实际的制作之前，能够灵活地调整顺序、画幅、镜头关系等。故事板通常由三部分组成：画面、文本（指令）以及镜头序号。

通常来说，故事板呈4:3或者16:9的比例，关键的镜头画面被画在画幅里。这些视觉象征物既可以是简单的几个条条框框，也可以是详细准确的彩色照片。画的越精确，就越有助于解决制作过程中的问题。每个镜头相应的指令栏中可以书写"摇摄"、"推拉摄"、或者其他摄像机移动指令及构图概念。镜头的序号应该与剧本里的序号一致，如果要做一些增删，那么剧本和故事板中的镜头序号都要作相应的改动。每个镜头至少应该有一个代表性的图版画幅。在一些情况下，有必要使用多个故事板，比如说，如果要进行摇摄、推拉摄，就应该有两个图板来表示画幅开始和结束的位置。

做完之后，仔细审视所有的画板，可以更好地增强对即将制作的影片的视听语言的认识，有助于发现问题并解决问题。

画板的画幅描述以及镜头序号可以从其他画板中分离出来，这样可以不断进行调整，直到做出最好的镜头排序。这个过程能够避免跳跃式剪辑，形成一种有组织的拍摄方法，可以防止一些连贯性问题的发生。

故事板 1

《情书》

导演：岩井俊二　　　　　编剧：＿＿＿＿＿　　　　　摄像导演：＿＿＿＿＿

号码：15	M D E N	L O S	时间：30秒
场景：医院门口			
画面			声音

场面介绍：

平面图

面包车

摄像机

镜头：全景

故事板 2

《天使艾米莉》　　　　　　　　　　　　　　　页码：26

导演：让·皮埃尔·热内　　　编剧：＿＿＿＿＿＿＿＿　　　摄影导演：＿＿＿＿＿＿＿＿

S# 15　　　　　C# 1

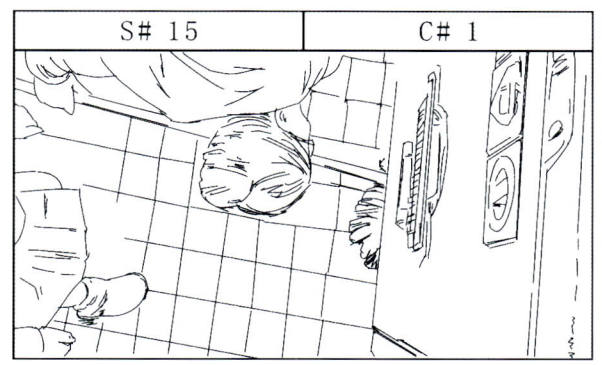

母亲用扫帚在掏跳到洗衣机底下的金鱼，小艾米莉站在一旁尖叫。

小艾米莉在尖叫。

母亲拿吸尘器吸那条金鱼。

小艾米莉仍然在尖叫。

五、电影制作基本流程：

1. 前期筹备

* 剧本筹备：

当出资方或是制片方确定影片主题方向及故事梗概后，编剧部门按照出资方或是制片方的要求撰写剧本，同时向广电总局梗概备案。

* 建组：

出资方或是制片方选择制作单位。制作单位收到分场大纲之后，报告自己对创意的理解预估，将合适的制作方案及相应的价格呈报给出资方或是制片方，供其确认。一般而言，一份合理的估价应包括拍摄准备、拍摄器材、拍摄场地、拍摄置景、拍摄道具、拍摄服装、摄制组（导演、制片、摄影师、灯光师、美术、化妆师、服装师、造型师、演员等）、电力、转磁、音乐、剪辑、特技、二维及三维制作、配音及合成等制作费、制作单位利润、税金等制作中的全部方面,并附制作日程表,甚至可以包含具体的选择方案。

* 制作费用及方案确认:

出资方或是制片方确认后,由对方单位签立具体的制作合同。根据合同和最后确认的制作日程表(Schedule),制作单位会在规定的时间内准备接下来的第一次制作准备会(PPM1)。

* 拍摄前准备:

在此期间,制作单位将就剧本、导演阐述、灯光影调、音乐样本、堪景、制景方案、演员试镜、演员造型、道具、服装等有关电影拍摄的所有细节部分进行全面的准备工作。

* 第一次制作准备会:

PPM是英文Pre-Product Meeting的缩写。在PPM上,将由制作单位就拍摄中的各个细节向出资方或是制片方呈报,并说明理由。通常制作单位会提报不止一套的制作方案、导演阐述、灯光影调、音乐样本、堪景、布景方案、演员试镜、演员造型、道具、服装等有关广告片拍摄的所有细节部分,供客户和广告公司选择,最终一一确认,作为之后拍片的基础依据。如果某些部分在此次会议上无法确认,则(在时间允许的前提下)安排另一次制作准备会,直到最终确认。因此,制作准备会召开的次数通常是不确定的,如果只召开一次,则PPM1和PPM2、Final PPM就没有什么差别。

* 第二次制作准备会:

经过再一次的准备,就第一次制作准备会(PPM1)上未能确认的部分,制作公司将提报新的准备方案,由出资方或是制片方确认,如果全部确认,则不再召开最终制作准备会(Final PPM),否则(在时间允许的前提下)再安排另一次制作准备会,直到最终确认。

* 最终制作准备会:

这是最后的制作准备会,为了不影响整个拍片计划的进行,就未能确认的所有方面确认后,作为之后拍片的基础依据。

* 拍片前最后检查:

在进入正式拍摄之前,制作单位的执行制片人员对最终制作准备会上确定的各个细节,进行最后的确认和检视,以杜绝任何细节在拍片现场发生状况,确保影片的拍摄完全按照计划顺利执行。其中尤其需要注意的是场地、置景、演员、特殊镜头等方面。另外,在正式拍片之前,制作单位会向包括出资方或是制片方、摄制组相关人员在内的各个方面,以书面形式的"拍摄通告"告知拍摄地点、时间、摄制组人员、联络方式等。

2. 拍摄

按照最终制作准备会的决议,在安排好的时间、地点,由摄制组按照拍摄脚本进行拍摄工作。

* 杀青

原意指拍好的底片,已经放在片盒中,准备送去冲洗。后指电影拍摄部分已经完成。

3. 后期完毕

影片进入后期剪辑阶段,配药、冲印、配光、转磁、混音等。

成片送广电总局技审政审,最终获取发行许可证。

附　　　　　　　　　拍摄准备之部分流程表格

* 拍摄日程安排表

摄像编号									
D/N		D	D	D		D	D		
		1,6	2,3	4,5,6		8	9		
摄像日期		12/3	12/4	12/5		12/7	12/8		
项目：									
导演：								场所	场所
制片：									
剧本日期:11/2									
演出	NO.								
叶琼		1	1	1		1	1		
赵军		2	2	2	2		2		
		3	3	3	3		3		
		4	4						
		5	5						
		6	6						
		7					7		
		8				8			
		9			休息日	9			
		10				10			
		11				11			
道具：									
	眼镜	A				A	A		
		B				B			
	手机	C	C	C					
车辆：									
动物：									
	照明								

*拍摄日志

NO_____

拍摄日志

项目:		导演:	
摄像:		日期:	

	条	页数		
剧本			摄像师联系方式	1370000000
补拍			进场时间	AM:
之前拍摄			首拍摄时间	AM:
当日拍摄			午餐时间	PM:
总合计			最后拍摄时间	PM:
剩余拍摄			结束时间	PM:

	场	条数	删除 条	补拍	
				页数	条
之前拍摄					
今日拍摄					
合计					
条 编号					
删除 条					
补拍 条					

*摄像/制作报告

导演/ _____   摄像师/ _____   制表时间/ _____

摄像日期/ _____   摄像开始(时间)/ _____   摄像结束(时间)/ _____

	预约摄像日期	正式摄	拍摄时长	剧本	完成	删除	补拍	备注		
本镜头			总拍摄(条)							
彩排			之前拍摄(条)							
镜头			当日摄像(条)							
移动			已拍摄总(条)							
机位										
休息日			当日摄像长度	之前摄像长度	已摄像总长度		新编号	镜头/删除/补拍		
轨道										
整理										
			胶片					规格	镜头	录音
			新胶片量	拍摄用量	剩余胶片	NG	WASTE			
本地拍摄			之前使用量							
彩排			当前使用量							
机位			目前为止使用量							
设置										
移动										
总拍摄天数			总胶片使用量					其他备用		
拍摄部分										
S#	CUT		D/N	场面内容				登场人物	摄像场数	
未拍摄部分										
S#	CUT		D/N	场面内容				未拍摄理由	删除拍摄计划	

* 特殊光线效果

特殊光线效果

项　目 / _____
导　演 / _____
灯光师 / _____
制　表 / _____
日　期 / _____

NO.	光线内容	光线要求	S#	场面说明	编号 日期	1	2	3	4	5		
1												
2												
3												
4												

* 特殊化装效果

特殊化装效果

项　目 / _____
导　演 / _____
化装师 / _____
制　表 / _____
日　期 / _____

NO.	化装内容	化装要求	S#	场面说明	编号 日期	1	2	3	4	5		
1												
2												
3												
4												

* 服装使用表

服装使用表

项　目 / _____
导　演 / _____
服装助理 / _____
制　表 / _____
日　期 / _____

NO.	服装	S#	场面说明	编号	1	2	3	4	5	
				日期						
1										
2										
3										
4										

* 道具使用表

道具使用表

项　目 /＿＿＿＿＿＿＿＿＿＿

导　演 /＿＿＿＿＿＿＿＿＿＿

美　工 /＿＿＿＿＿＿＿＿＿＿

制　表 /＿＿＿＿＿＿＿＿＿＿

日　期 /＿＿＿＿＿＿＿＿＿＿

NO.	场景用道具	人物用道具	S#	场面说明	编号	1	2	3	4	5	
					日期						
1											
2											
3											
4											

* 现场录音明细表

现场录音明细表

项　目 /＿＿＿＿＿＿＿＿＿＿

导　演 /＿＿＿＿＿＿＿＿＿＿

录　音 /＿＿＿＿＿＿＿＿＿＿

制　表 /＿＿＿＿＿＿＿＿＿＿

日　期 /＿＿＿＿＿＿＿＿＿＿

R#	S#	C#	TAKE#	OK/NG/KEEP	备注
1	1	1	1	NG	孩子们的声音没录进
1	1	1	2	KEEP	夜间环境噪音
1	1	1	3	OK	
1	1	2	1	NG	录音没问题,镜头问题
1	1	2	2	OK	
1	2	1	1	NG	演员演技失败
1	2	1	2	KEEP	有回声
1	2	1	3	KEEP	演员表演无声
2	2	2	1	OK	
2	2	1	1	OK	
2	3	2	1	NG	演员表演无声
2	3	2	2	NG	演员表演无声
2	3	1	1	OK	
2	7	1	2	OK	
2	7	1	3	NG	刹车尖锐声
2	7	1	4	KEEP	雨声未录
3	7	2	1	OK	
3	7	3	1	OK	
3	7	3	2	KEEP	镜头失误
3	7	4	3	OK	
3	7	1	1	OK	
3	11	1	1	NG	场内杂音
3	11	1	2	OK	

* 现场录音明细表

录音台本

项　目 /＿＿＿＿＿＿＿＿＿＿
导　演 /＿＿＿＿＿＿＿＿＿＿
录　音 /＿＿＿＿＿＿＿＿＿＿
制　表 /＿＿＿＿＿＿＿＿＿＿
日　期 /＿＿＿＿＿＿＿＿＿＿

S#	场面内容	后期录音	环境音	特殊音效	音乐	备注
1	一个小偷躲在厨房的门后，静静地等候。当他听到了主角B的脚步声，就悄悄地推开厨房门，把头探到通道。		脚步声		命运交响曲	
2	主角B走进了浴室，然后打开龙头，拉上淋浴帘。		水流声 淋浴帘拉动声		↓	
3						
4						
5						
6						
7						
8						
9						
10						
11						

第二部分
视听语言

第三章 景　别

一部电影会带有无数的叙事元素和写意元素的镜头。

导演用其构思风格，将景别排列组合并有机运用，使电影具有强烈的造型效果和视觉效果，从而形成的影片风格、导演风格、摄影风格，即为景别。严格地说，景别的运用是导演最重要的叙事元素和最有效的导演语言形式。

在导演创作中，景别的划分通常有两种方式。一种是以被拍摄人物角色在镜头画面中被截取部分的多少来划分；另一种以被拍摄景物在镜头画面中被截取部分的多少来划分。

按造型风格和表现风格，景别也可以分成全景系列（大远景、远景、大全景、全景）、近景系列（中近景、近景、特写、大特写）。

全景系列利用点、线、面的关系，使镜头画面体现出意境和情绪。其特点是通过镜头焦距、视角、景深等技术，让空间的三维性在镜头画面中充分地表达出来。

近景系列主要对人物进行塑造，人物角色的动作、动作过程、动作细节是镜头画面表现的重点。其特点是以叙事为主，清楚地表达人物角色的面部神态、动作、手势，准确地记录事件或动作的过程，不过分地追求画面构图。以突出人物角色的鲜明形象为主，不过多地表现环境。

全景系列和近景系列对比

全景系列	近景系列
抒情	叙事
镜头画面强调意境	镜头画面强调纪实
人物整体表现	人物神态体现
大景深	小景深
地平线和人物角色关系重要	地平线对人物角色并不重要
环境为主，人物为辅	人物为主，环境为辅
注重画面构图	画面构图注重随意性
画面角度不重要	画面角度很重要

一、大远景

大远景镜头用来确定场景，同时也为后面的镜头确定故事的情节关系。大远景最典型的用法是用于表现地域的广阔，表现大都市的天际线、一片城区的街坊、或者一片田野等。一般都采用静止镜头或在不改变镜头画面构图的情况下缓慢推移,力求营造一种宁静、广漠、空旷、深远的意境。我们经常能够在一部电影或者一段情节的开场或结尾看到极其典型的大远景镜头。很多好莱坞商业片的定场镜头经常就是一个地平面的大远景。

如果在大远景中有人物角色的活动,通常也只是占据镜头画面很小的比例,最多也不会超过镜头画面高度的四分之一,而且人物角色往往都在镜头画面的远处。

大远景镜头

小贴士

1. 尽可能让色彩、明暗、线条等元素通过镜头画面中景物和人物的布局方式有机结合起来,使之形成一种画面风格。

2. 镜头画面中要清楚地表达环境、空间、地域、人物角色与环境的关系、人物角色或景物运动的方向。

3. 要用一种空间距离感来体现人物角色所在的环境与导演强烈的主观情绪感受。

二、远景

远景通常也被叫做广景,它和大远景没有明显的变化区别,只是通常在远景中人物角色或景物约占镜头画面的二分之一。它展示了地点(我们在哪)、主体(谁在那里)、行为动作(发生了什么事情)。这是最重要的镜头之一,因为它确定了一场戏的所有要素。远景可以描绘出一个运动场、度假村或广阔的海水浴场。这样的镜头为一场戏定下了基调,并且确定了人物角色的活动空间。

至于镜头画面中究竟是以人物为主,还是以景物为主,则完全取决于作品对镜头画面的构图要求。通常的表现

远景镜头

方式有两种：

静态镜头画面：通过人物角色动作变化来表现环境的全貌和空间的关系，给观众建立先入为主的空间概念。

动态镜头画面：通过摄像机的运动来体现人物角色或景物。远景并不像大远景那样强调环境画面的独立性，而是更多地强调环境与人物角色的依存和相关性。

三、大全景

大全景中的人物角色比例约占镜头画面的四分之三，在大全景的镜头画面中，位移在画面中的变化更具体。虽然人物与景物在视觉关系处理上是平分秋色的，但景物的表达是以表现人物角色为目的。有一种看法认为大全景就是远景，两者并没有什么区别，但是在实际中的表现还是有所不同的。

大全景镜头(图中的人物和车为主体占据画面的四分之三)

小贴士

1. 大全景镜头往往用在场景段落的开始，以表达全面的空间关系。
2. 大全景镜头在拍摄和后期剪辑时，会影响到前后的镜头，所以在使用中要特别注意其与前后镜头的视觉连贯性及视觉变化。

四、全景

在全景中，人物角色的全身完整的摄入镜头画面中，头顶靠近镜头画面的上沿，脚部贴近镜头画面的下沿。要注意的是头顶和脚与镜头画面的边框要有一定的距离，不能出现头顶和脚跟紧贴着镜头画面的情况。

在全景中，人物角色是绝对的主体，人物角色周围的环境只是其背景及补充。

全景镜头

> **小贴士**
>
> 全景镜头往往是每场戏拍摄的总角度。它决定着镜头的调度、切分、以及镜头画面中的光线、影调、色调，人物角色的运动方向、位置，等等。

五、中景

中景的镜头画面范围是从人物角色的头顶到膝盖或者腰部的位置（但一般不能卡在膝盖部位，因为卡在关节部位是摄像构图中所忌讳的。比如脖子、腰关节、腿关节、脚关节等）。

中景和全景相比，包容景物的范围有所缩小，环境处于次要地位，重点在于表现人物的上身动作。中景画面为叙事性的

中景镜头

景别，因此在电影中占的比重较大。中景镜头在两人或三人的对话场景中使用最频繁。脸部的表情和身体语言都能在中景镜头中得到展示，而且镜头中有足够的背景，可以使观众可以获得更多的信息。

在一般情况下，电影拍摄时，中景镜头往往被放在远景镜头后做过渡镜头。在表现对话人物时，常常用于表现人物角色之间的关系、交流、反应。

特写中景
（中景镜头还经常以一个"特写"性的中等景别在电影中出现）

小贴士

在中景里还有一种镜头——牛仔拍摄。它在好莱坞的西部片中经常使用，镜头画面的范围是人物角色的头顶到牛仔挂枪的位置。

牛仔拍摄

另外，介于中景和近景之间还有一种镜头——中近景，镜头画面从人物角色的头顶到腰部左右的位置，通常叫做"人物半身镜头"。

人物半身镜头

六、近景

摄取人物胸部以上的电影画面，视距比特写稍远。近景中，人物角色的上半身活动占据镜头画面显著地位，成为主要表现对象，能使观众看清人物的面部表情，或某种形体动作。

近景和特写的作用有相似之处，即视觉效果比较鲜明，有利于对人物的容貌、神态、衣着、动作细节作细致的刻画，可以在表现人物的感情交流，揭示人物内心活动。近景有时也用于摄取景物的某一局部。

近景镜头

小贴士

近景拍摄的时候要注意通过镜头画面表现人物角色的表情、动作、神态、手势等。在画面构图中对手势动作的范围要预留空间，以免手势动作因景别的限制而挥舞到画面外。同时，手势动作不能影响到人物的面部表情。

七、特写

特写镜头

特写是拍摄人像的面部、被摄对象的一个局部镜头。特写镜头有很多变种，但是最基本的特写镜头是人物角色的肩膀到头顶的范围。特写镜头是电影画面中视距最近的镜头，因其取景范围小，画面内容单一，可使表现对象从周围环境中突现出来，造成清晰的视觉形象，得到强调的效果。特写镜头能表现人物细微的情绪变化，揭示人物心灵瞬间的动向，使观众在视觉和心理上受到强烈的感染。特写镜头与其他景别镜头结合运用能通过镜头长短、远近、强弱的变化,造成一种特殊的蒙太奇节奏效果。

八、大特写镜头

大特写镜头经常被用于提升紧张、神秘或者情绪波动的气氛场景中,这种镜头通常用于展示面部细节,比如嘴;或者一件物品的细节,比如门把手。

在电影中,导演和摄影师利用复杂多变的场面调度和镜头调度,交替地使用各种不同的景别,可以使影片剧情的叙述、人物思想感情的表达、人物关系的处理更具有表现力,从而增强影片的艺术感染力。

大特写镜头

例如:在拍摄中,假设不知道人物特性,那么开始时先用全景,接着在用到"中景",再到"近景",随着逐渐了解角色,拍摄距离可以减小,当表现人物角色关系个性化时,可以使用极致特写,所以全景之后,对人物角色的推进是渐进式的。

九、满景镜头

满景镜头一般是以景物为拍摄主体的。无论景物是小刀、杯子、苹果,还是汽车、楼房,标准是使它们占据全部或者大部分镜头画面。满景镜头常在空镜头中使用,它不需要像全景镜头那样去表达空间环境,也不像特写镜头一般只取景物的局部,而是保持了景物的完整。

满景镜头

十、景别变化因素

电影风格主要是指导演的镜头视觉语言风格,导演在使用镜头语言的时候,出于对剧本的理解,加上个人对生活的积累、认识、感觉、会不自觉地偏重某种景别。当导演采用全景系列景别比较多的时候,电影写意性增强的同时叙事性则减弱了,采用的近景系列景别比较多的时候,电影叙事性和情节性加强的同时写意性也会减弱。

电影中导致景别变化的因素有:

1. 镜头切换

镜头切换的视觉变化风格是导演主观意图和叙述风格的体现。

镜头切换——电影《花火》中,导演在警察准备抢劫前对镜头画面的处理

2. 人物角色的运动

导演要考虑人物角色运动对景别和镜头画面构图的影响,通过不断的调整构图,以保证镜头画面结构的完整及视觉美。

人物角色的运动——电影《魔戒》中,人物角色骑马在森林中行走时的画面处理

3. 摄像机运动

导演通过机位视点的变化,改变画面的物距、透视,从而使镜头画面构图具有多样性。

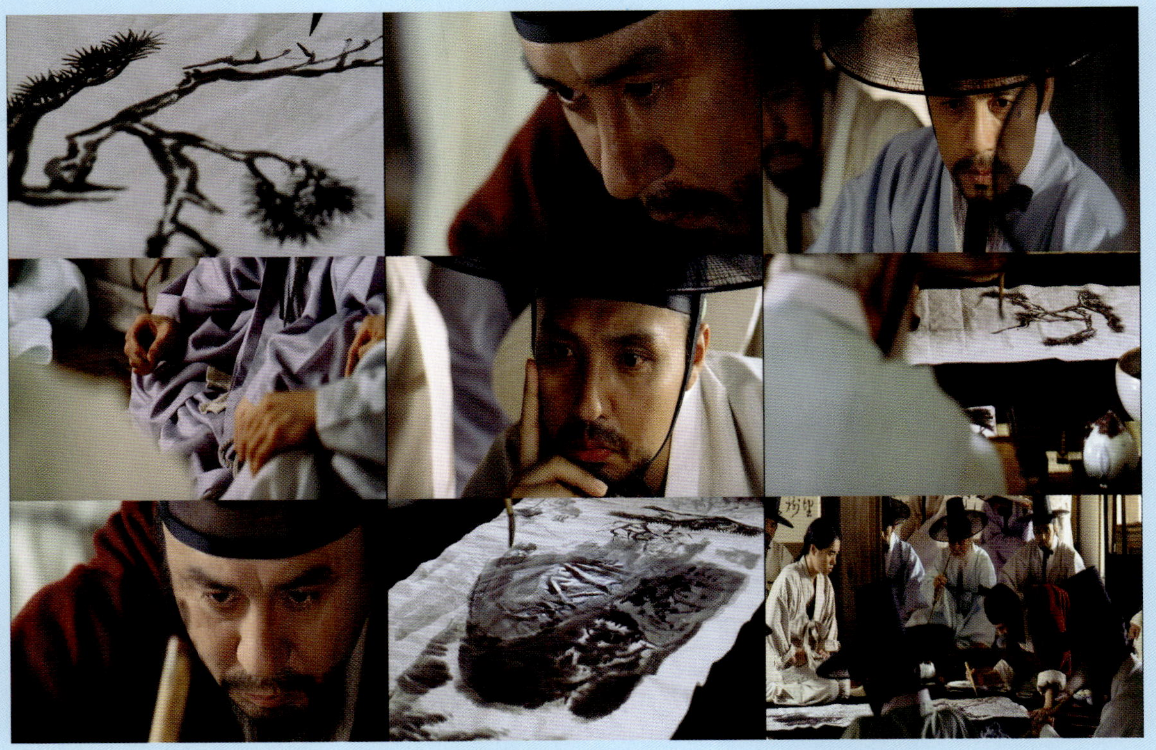

摄像机运动——电影《醉画仙》中，画师张承业在绘画时的镜头组合处理

4. 变焦距的运用

　　变焦距是利用镜头内部焦距的改变，在被摄主体不运动、物距固定、摄像机机位不变化的情况下，拍摄任意景别的画面效果。在拍摄的时候，利用镜头焦点的改变来控制被摄主体在镜头画面中的关系，这种连贯的焦点虚实变化，使景别产生变化。

焦点在前面，前景实，后景虚

焦点在后面，前景虚，后景实

第四章 空间：二维和三维

一、二维空间

线条是最基本的视觉元素。线条可以是横的、竖的、弯曲的、加粗的、倾斜的，也可以是道路、篱笆、身体的运动或者物体的排列。不仅可以引导观众的视线，激发动势，也可以把一个空间划分成几个不同的单元，线条还可以在画面中创造出景深。

1. 横线

横线从左至右或者从一边到另一边进行延伸。水平的线条可以暗示稳定，安静的氛围。

横线构图

2. 竖线

竖线则是从顶部到底部，或者从上到下的线条。这些线条要比横线强烈和活跃，它们在画面中比其他任何线条更具有视觉优越性。比如，地平面上的高楼大厦会吸引观众的更多注意，正是因为它是竖直的造型元素。

竖线构图

3. 斜线

斜线是看上去好像运动着的直线。以斜线结构排列的物体看上去像在运动,即使它们实际上是静止的。斜线传达了一种不稳定性,让观众感受到运动和兴奋的感觉。

斜线构图

4. 曲线

曲线的不同含义取决于它们不同的形状。锐利的曲线,比如海洋的波浪,常常暗示了动荡。而柔顺的线条则意味着享受柔和以及和谐。另一种曲线是 S 型曲线,它代表了流畅和优雅。S 型曲线是构图的最重要元素,也是引导视线的线条。S 型曲线最常用的用法是穿过树枝的光线形成的 S 型光束。

曲线构图

曲线倾向于减缓运动的速度,应该避免被用在戏剧冲突性很强的作品里。

5. 锯齿状线条

锯齿状线条是各种形状线条的集合,比如说横线条和竖线条,或者斜线条和弯曲的线条。被扭曲成锯齿状的线条倾向于传达一种不安分和侵略性的感觉。一道划亮天空的闪电就是最基本的锯齿性线条。

锯齿状构图

形状是物体的高和宽组成的外形。这样的物体都会失去重量感,看上去只是一个轮廓,即一些人物或者物品的深色线条,而完全没有细节的信息。

形状有三种基本的类型,分别是圆形、方形和三角形。

在画面中,形状被成组地呈现以阐述意义。每个形状都有与之相联系的心理价值。比如,方形石与诚实、秩序、公平和严肃联系在一起的;三角形经常传递一种律动和进取的感受;圆形给人的感觉则是安全和保障。

当图形获得第三维空间深度的时候,它们就变形成为形体。比如圆形只是一个形状,而球体就是一个形体。

6. 三角形构图

三角形是最常见的被用于组构人物和物体位置的形状之一。在三角形的构图中,视线随着三角形独立的三个点移动,画面就变得具有了

形状和形态

三角形构图

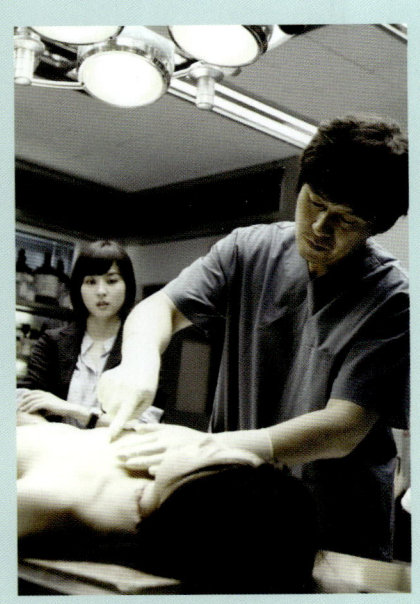

生命力。当把人物组成在呈三角形的画面中时,位于最高点的人物会显得具有优越感。如果三角形被反过来,顶点变成了低点,人物就变得卑微许多。

事实上,通过放置三个次要的兴趣点,一个三角形构图可能会令视线中的兴趣点分散。要想让三角形中的三个兴趣点都具有相同的曝光率是不切实际的,只能抓住一个来吸引观众的注意力。比如许多人聚在餐桌前吃饭的镜头,设置画面的一个兴趣点,让大部分人看着其中一个人;再比如一个镜头中只有一个人物和一个物体,就可以通过人物看物体的设置突出画面的兴趣点。

三角构图中放置三个兴趣点

7. 圆形和拱形

圆形经常象征着和谐包容。一个圆形的构图能把观众和画面中的人物融合到一起,进入一个亲密无间的画面中。

圆形构图

在电影《ET》中将圆形作为一个主要的构图元素而使用,从孩子们的自行车车轮到月亮,再到天空飞行器的圆形大门。

拱形除了作为一个构图要素之外，还可以作为引导观众视线的结构性元素。以拱形和圆形构图为主要基调，人物被安排在摩尔拱门的前景位置，这种布局延展了半圆形的空间，并且给镜头带来一种轻快的效果。

圆形构图——电影《ET》剧照

拱形构图

二、三维空间

1. 地平线和消逝点

站在海滩上眺望大海，大海好像与天相连接在一起，我们称这条类似与视线在同一水平上的线为地平线。当一个物体的位置与水平线形成关系，就能显示出俯视、仰视、平视角度等各个不同侧面的景致。

消逝点是指地平线上的某一点，在这一点上，所有平行物体的平行线都在这一点上没入地平线，消失不见。那些相互平行的物体有共同的消逝点，而那些错落着、角度不同的物体则各自有不同的消逝点。

很多电影都在全景系列的镜头画面结构中使用地平线。

① 地平线在镜头画面的上方可以增加深度感。

② 地平线在镜头画面下方可以增加空间感。

地平线在画面上方

地平线在画面下方

地平线在画面中间

③ 地平线在镜头画面的中间可以分割画面。

一点透视

2. 一点透视

在一点透视中,只有一个消逝点。比如在高处往下看一条道路,道路的线条看上去向后延伸,并且在地平线上唯一的一个消逝点上汇聚。有三种不同的线条可以被用于一点透视中:竖直线条、水平线条和相交线条。

竖直线条是垂直于地平线和画面底边的线条。水平线条则从画面的左边延伸至右边,并且和画面的底部相平行。相交线条是一些直线,它们向后延伸,在消逝点交汇。

3. 两点透视

两点透视法则中有两个消逝点,图例中一个在地平两点透视线右边,另一个在地平线左边。

两点透视

4. 三点透视

在三点透视法则中，所有的线条会聚到三个消逝点的其中一个之上。其中两个消逝点就在地平线，而第三点就在眼睛视线的上方或者下方。在地平线上方的消逝点可以使人感觉镜头是低角度拍摄的效果。当消逝点位于地平线的下方时，则给人一种俯视镜头的感觉。

三点透视

5. 空气透视

从远方观察物体总是觉得很困难，因为空气中含有多微小物质，比如灰尘颗粒和水汽，所以，远处的物体会变得有些朦胧，并且有的时候被投上一层淡蓝色的阴影。当作为背景的物体与作为前景的物体产生对比的时候，纵深感就产生了。

电影《魔戒:双塔奇兵》中，当弗罗多和萨姆在他们的旅行中穿过死亡湿地的时候，空气透视法被大量地运用。根据摄影导演的说法：任何穿越死亡湿地的人都可能会倒在被困灵魂的强大魔力之下，弗罗多就短暂地出现了这种情况。所以沃恩把这片湿地描绘得雾蒙蒙的，好像自然界中不曾真实存在似的，这是一个阳光被空气削弱的地方。

空气透视

透视缩短

6. 透视缩短

透视缩短法是把透视原理运用到物体和人物之上。把一个物体透视缩短，让物体的一部分看上去更靠近，而另一部分则相对远些。透视缩短法给观众一个纵深的感觉，实际上它欺骗了观众的眼睛。

7. 叠加

把物体部分重叠能让观众产生空间感。当一个物体被重叠在第二个物品之上,第一个物品看上去就会比第二个物品离观众更近。这一法则能表现任何距离,而且创造纵深感。比如,当太阳在山的后面,它看上去显得很小。当我们在调度一个镜头的时候,可以把人物和物体二者部分重叠来创造纵深感。

叠加

人们的视线总是穿过篱笆木栅栏或者穿过蒙着雾的窗户,看到外面的白雪皑皑。所以必须一层又一层地在画面上做叠加,使观众和被摄主体之间总是存在着一些东西。

——电影《落在香杉树的雪花》导演　希区柯克

第五章　画面构图

在被摄主体、空间中寻找线条、色调、形体、光影、质感、透视、视点，并按视觉美感的方式加以组合，就是构图的全部内容。

在电影中，对镜头画面构图的要求是应具备形象感、风格性、美感、视觉重点。不像普通的画面，电影的画面边缘也是镜头的一部分。不但要通过布置画面中的人物和物体来创造一种运动幻觉，也通过这个诠释其中的意义。

比如一个向上的竖直运动，几个毕业生把它们的帽子向上抛，意味着成长，然而下降的物体则带来完全相反的效果，可能暗示了危险和沉重感。在电影《香港制造》中，篮球的落地预示着一场惨烈而失败的青春故事的开始。

电影《香港制造》剧照

人物可以从左或者从右进入画面，或者从顶部和底部。同从右向左的运动相比，人物和物体从左向右运动经常给人带来一种更自然的感觉，视觉上也更迷人。把物体放在画面的顶端要比放在底部更有心理主导性，因为顶端的物体相比底部更有张力和影响力。

电影《杀死比尔》剧照

一个构图成功的镜头不但会考虑到在画面里发生的事情，也会考虑到画面之外的因素。比如，在画面中只呈现一只在一条黑暗走廊上走动的脚，这种构图比让观众看见这个人的全貌更能产生紧张感，也更能引起观众的兴趣。

一般来说，当构图要素繁多的时候，一个镜头的构图应该只有一个主要的兴趣点或者中心点。即使在一个拥挤的地铁中拍摄，也只有通过结构来强调主要的兴趣点，因为画面总是稍纵即逝，观众只有极短的几秒来理解。

电影《追踪》剧照

把一个物体放在画面某个角落的位置能让人产生紧张感,这种画面就是具有视觉冲击力的。如果要比较画面的左边和右边,应该说右边比左边更具主导性。令人讨厌的角色安插在画面的右边,比把它们放在左边更能制造紧张感和气势感。

电影《机械公敌》剧照

在画面中间的物体同处在画面四角的物体相比,缺少了相同的结构上的张力。中心化的构图通常是平淡无奇和无趣的,除非被当作一个视觉主旋律来使用。例如画面中是一个海景,一个物体被放

电影《太阳帝国》剧照

在中间,任何事情都不会发生。但是如果物体被放在海景的左边或者右边,物体看上去像是向边缘倾斜一样,这样做可以使物体造成视觉上的颠覆。

剧情:

公元 2035 年,智能型机器人作为最好的生产工具和伙伴已被人类广泛利用。机器人的创造者阿尔弗莱德·朗宁博士在新产品 NS-5 型超能机器人上市前夕,却在公司内离奇自杀。黑人警探戴尔·史普纳奉命接受此案的调查工作。

史普纳发现了一个名叫桑尼的机器人极有可能就是奉命杀害朗宁博士的"凶手"。在追捕中,他发现桑尼不仅具有自我思考能力,而且拥有酷似人类的情感。讯问中桑尼告诉史普纳,他并没有杀害朗宁博士,而是在帮助他做一件事情。为了让真相大白天下,史普纳决心追查到底……

电影《机械公敌》
导演:亚历克斯·普罗亚斯
编剧:伊萨克·阿西莫夫
国家:美国 2004 年

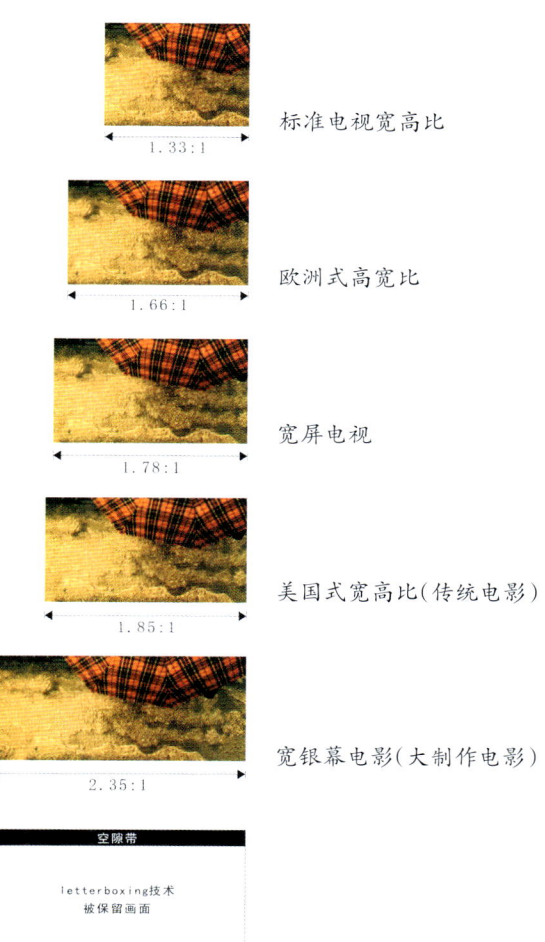

一、画面的宽高比格式

大多数电影都是以 1.85:1 或者 2.35:1 的宽高比摄制的,最常见的电影宽高比是 1.85:1,例如《大红灯笼高高挂》等。高投入的大片,则以 2.35:1 为宽高比摄制,例如《魔戒》等。

一个标准化的电视屏幕的高宽比是 1.33:1,也就是我们通常说的标清。高清的宽高比是 1.78:1(一般被称为 16:9),因为高清的宽高比和电影的 1.85:1 比较接近,很多低成本电影摄制的时候,经常使用,也就是通常所说的数字电影。

最早使用 letterboxing 技术。1979 年伍迪艾伦在他的作品《曼哈顿》中

letterboxing 技术是为了电影在电视播出时，避免因荧幕尺寸的不同而损失大量的影像而使用的技术，这个技术在完整保留电影原先的宽高比的情况下，在画面上下各留出了一条空隙带，来满足电视荧幕尺寸。

二、构图的三分法则

创造一个充满生命力的构图，最简单的方法就是应用三分法则。首先要把画面从纵向至横向分成三等份，一般来说，把物体放在画面中四个交叉点任一个的附近，都能创造出一种赏心悦目的构图。横线条可以在画面上面三分之一处或者下面三分之一处；竖直线条应该放在纵贯画面的三分之一或者三分之二处。把物体放在画面四个交叉点的其中任何一点上，都可以获得一副充满活力的构图。

三分法则

1. 头顶空间

当把一个人物放在构图中的时候，必须要考虑到人物的头顶空间。头顶空间是指头顶和画面边框之间的空间。如果空间过大，人物会看上去显得短小；如果空间过小，人物看上去被挤压在画面里。获得足够头顶空间的办法是把人物的视线放在画面的上三分之一分界线上。

过多头顶空间　　　　　　　过少头顶空间　　　　　　　适中头顶空间

2. 运动空间

运动空间

运动空间也叫视线空间，它是指人物面前到画面边框边缘的距离。一般来说，需要在人物的面前留出三分之二的视线空间，让观众充分理解人物运动方式的可能，让画面变得有美感，给观众带来审美愉悦。

运动空间的大小不但影响到画面的美感，还影响到画面的基调。如果人物被放在画面边框附近，而人物视线前方几乎没有留出什么运动空间，这种画面会产生出一种让人紧张和不舒服的感觉。这种画面经常暗含了剧中人物消极的生活态度，因为他们无处可去，无处可看。

三、镜头画面的构图特点

1. 电影的镜头画面本身就是一个以 24 格 / 秒运动的载体

连续画面由于被摄主体，摄像机的运动，使画面构图的结构、形式、叙事重点、构图中的人物角色、景物的位置，画面的背景和透视关系不断改变。画面中的所有元素在有序的变化中，形成不同的

结构和视觉流效果。导演在对画面运动性的处理上,既要把握每个镜头画面瞬间构图的完整与优美,还要把握一连串运动构图的内在联系。

电影《猛虎出笼》中,丹尼被老板带去为其打黑市拳的片段分析。

① 丹尼走向拳场楼梯口。(中景)

② 丹尼木讷机械地走下楼梯,走到拳手面前。(远景—全景)

③ 拳场老板向下看。(近景)

④ 旁人若无其事地端着酒杯,看着即将开始的残酷生死决斗。(近景)

⑤ 丹尼的老板大声对丹尼叫嚷着:杀死他。(近景)

⑥ 拳手挥拳向丹尼打去,丹尼躲过。

⑦ 丹尼举起拳头打向拳手。(近景)

⑧ 丹尼用拳头快速猛击拳手的喉咙。(特写)

⑨ 丹尼用拳头猛击拳手的喉咙。(中近景)

⑩ 拳手嘴里流出大量鲜血。(特写)

⑪ 丹尼转身离开,拳手倒地。(全景)

⑫ 丹尼老板大声叫好,其他人被丹尼的身手惊呆。(中景)

2. 画面的完整效果性

完整的画面构图在一个镜头中可能是一系列的构图组合,也可能由一系列镜头构图结构组成一个镜头段落。

画面构图时承上启下、前后连贯的关系,即每一个构图结构与构图都是上一个画面的继续,又

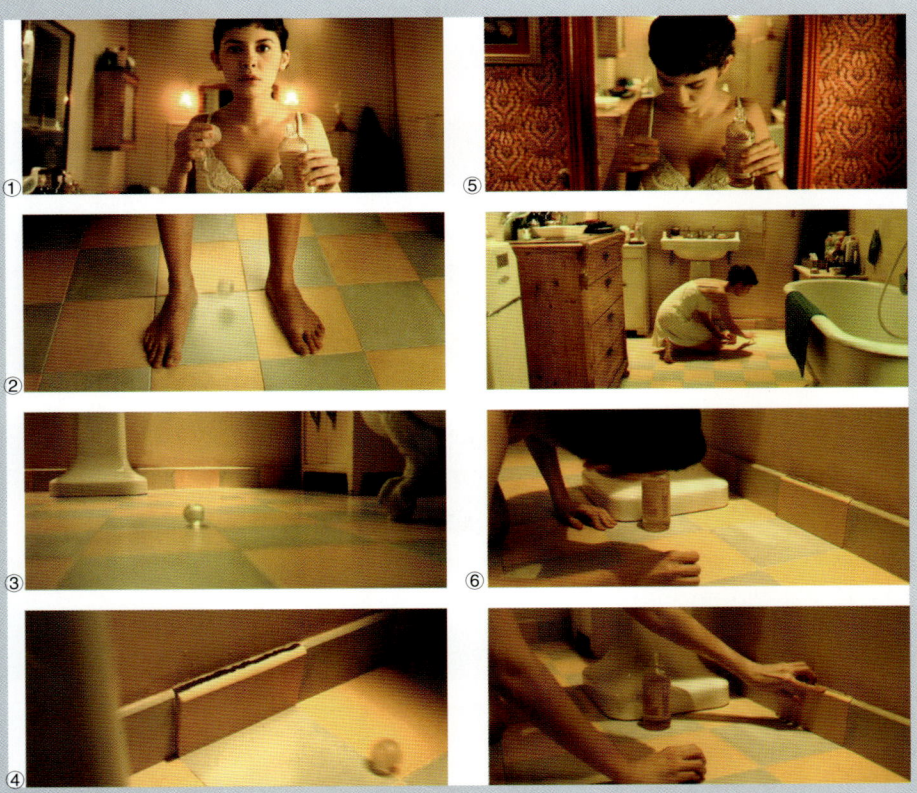

电影《天使艾米莉》剧照

是下一个画面的铺垫。导演在设计镜头的时候,对画面要有一个关于总体构思和风格的要求。

电影《天使艾米莉》中艾米莉发现铁盒的片段分析。

① 艾米莉听到新闻很吃惊,卸妆水的瓶盖从手上掉下。(近景)
② 瓶盖掉在地上。(近景)
③ 瓶盖滚向墙边。(全景)
④ 瓶盖撞开了一块壁砖。(小全景)
⑤ 艾米莉去捡瓶盖。(近景)
⑥ 艾米莉发现了被瓶盖撞开的壁砖,伸手拿开壁砖。(近景)

3. 画面的多视点、多角度

构图的另一个定义就是角度,导演要注重立体空间的三维关系,通过不断地变化方位、角度、景别,丰富画面构图的组合形式和视觉效果。

电影《我的妻子是个演员》剧照

电影《毁灭之路》

在整部电影中,导演试图把画面边框的顶部用一些具有重量感的物体来填充,以创造出压抑和幽闭的感觉。当沙利文和他的儿子出现在第二和第三个镜头里的时候,电影中出现了一种感觉,它们被割裂了,漂浮在充满神秘感的空旷背景上。

——电影《毁灭之路》 导演 山姆门德斯

剧情:

丹尼4岁时被经营地下非法搏击活动的黑社会头目巴特掳走,过着一种与世隔绝的非人生活。26年里,丹尼被戴上了项圈,像条狗般被巴特养在办公室下方的神秘房间里,并接受残酷搏斗训练。丹尼被训练成为只要主人一声令下,就会扑上去毫不犹豫杀死对方的杀人机器。

一次意外车祸使黑社会头目巴特陷入重度昏迷,也使丹尼遇到了盲人山姆。山姆是位年迈温厚的钢琴调音师,他和18岁的继女维多利亚同住,两人希望让丹尼感受到以前从未接触过的,甚至是被禁止的人性的美好和温暖。在友谊、爱情、耐心、仁慈,尤其是音乐的感染下,山姆和维多利亚尝试着使丹尼摆脱以前长期接受的暴力教育,并逐渐找回自己。但是黑社会头目不肯轻易放过丹尼,两人将面临一场血腥的搏杀……

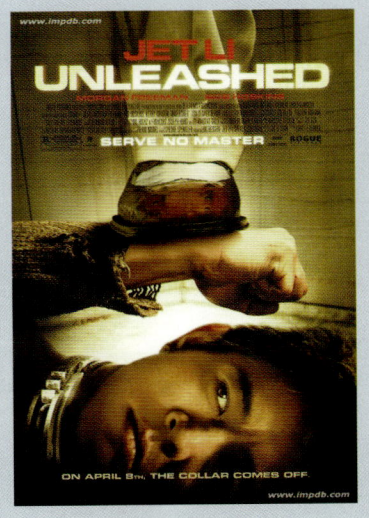

电影《猛虎出笼》
导演:吕克贝松
国家:法国 2005年

四、构图形式

1. 被摄主体和摄影机都固定不动

要对构图布局、光线、色彩、机位位置、人物位置等方面精确设计,依靠画面本身的形式和画面张力来吸引观众。

电影《可可西里》剧照

2. 摄像机固定,被摄主体运动

这种构图形式,光线、位置、方向、透视、构图、背景都会在瞬间发生变化。既要表现被摄主体的运动特点,又要表现运动所存在的空间特点和构图形式。

电影《可可西里》剧照

3. 被摄主体固定，摄影机运动

这种构图形式的变化主要表现在景别、透视、方向、背景上，通过对景别、机位运动的方式和轨迹的设计来渲染画面视觉。

电影《天使艾米莉》剧照

4. 被摄主体与摄影机机位都在运动

这种构图形式比较简单，只要注意镜头画面从开始到结束的过程中，画面构图的变化形式和流畅性就可以。

电影《霸王别姬》剧照

剧情：

程蝶衣自少被卖到京戏班学唱青衣，对自己的身份是男是女产生了混淆之感。师兄段小楼跟他感情甚佳，段唱花脸，程唱青衣。两人因合演《霸王别姬》而成为名角，在京城红极一时。不料小楼娶妓女菊仙为妻在先，在文革时期兄弟俩又互相出卖之后，使蝶衣对毕生的艺术追求感到失落，终于在再次跟小楼排演本戏时自刎于台上。

电影《霸王别姬》
导演：陈凯歌
编剧：李碧华、芦苇
国家：中国 1993 年

封闭式构图——电影《倒霉鬼》剧照

1. 封闭式构图

在画面中，人物角色从画面上看似被无形地圈围住了，这种镜头叫做封闭式镜头。

2. 开放式构图

一个开放式构图需要观众针对画面有所想象。这种风格的构图经常暗示了选择的存在。在一个开放式的构图中，不是所有的动作都在画面中被呈现和展开。相反，场景可能会发生在画框之外。开放式的构图在视觉上要比封闭式构图更有力度，可以引导观众想象画面外发生着什么事情。

开放式构图

在浩瀚的大海上，一艘船快速地驶向远方就是运动在开放式构图中的一个典型。

如果人物伸手去拿遥控器来关掉电视机，并不需要在中间插入一个遥控器的镜头。在这样的开放式构图中，观众就能设想在画面之外存在着什么，比如遥控器。

开放式构图——电影《倒霉鬼》剧照

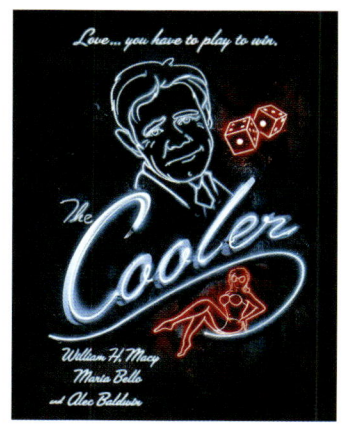

剧情：

拉斯维加斯人伯尼·鲁特兹是标准的倒霉鬼。从一次失败的婚姻到与其本应亲密无间而却偏偏格格不入的儿子，再到那只走失的宝贝猫咪，伯尼所插手的每一件事都会变得一塌糊涂……

电影《倒霉鬼》
导演：韦恩·克莱默
国家：美国 2003 年

3. 平衡

一个对称平衡的画面把视线从画面的边缘拉到画面的中心。在一个对称平衡的镜头中，人物或者物体基本上总是被直接放在摄像机前面，而没有任何拍摄角度的设计。比如在这个镜头中，画面的一边有一个人，而另一边对称的地方也是一个人，这就是平衡。

对称构图

对称平衡通常传达安静平和的感觉,但是也可能暗示着冲突或者被限制。电影《美国美人》中,导演就用了对称平衡的镜头来强化那种幽闭和禁锢的家庭关系。通过把人物放在画面的中心,创造出了一种禁锢和严峻的感觉。

对称构图——电影《美国美人》剧照

把画面分成两半,上下或者左右,从而获得对称平衡。所有在画面一边的元素都能在另一边找到同它们呈现镜面对称的物体。这些元素在物体的数量、颜色等方面是完全相同或者相似的。

另一个类型的对称平衡是放射状的对称。即在一个方形的构图中,存在一个中心点,所有的元素都引导视线到那个中心点。

放射状对称

4. 不平衡

画面的两边在视觉比重上近似,但在外形上相差甚远,这就是不对称平衡的构图。在不对称平衡的构图中,画面的两边可能在形状、重要性、空间位置、纹理和颜色上都是有差异的。这样的构图比对称平衡的构图更有张力和能量。

在不对称构图中,主导物体的空间位置位于地平线之上或之下,与同它相对的物体或者重要性不及它的物体并不在同一水平线上。一个三角形的构图经常被用于加强不

不对称构图

对称平衡感。在这样的情况下,人物角色通常被放在画面的一边,或顶部或底部,以达到效果。

不平衡构图在主题或者视觉比重上没有统一性,画面中的物体甚至可能会是倾斜的。倾斜的角

度会让人物失去平衡感,这种构图能让观众感受到紧张。不平衡的构图会被用在那些希望传达恐惧、暴力或者视觉兴奋感的电影中。

5. 景深

　　景深是指画面中物体的前方或者后方均在焦点之内的范围大小,这是另一个在画面中表现纵深感的方法。比如一条长路,路边分布着许多电话亭,远方的电话亭就会失焦。这种方法经常在电影中运用,引导观众的视线到镜头中特定的细节部分。

景深——电影《疯狂的赛车》

　　如果焦点放在位于前景位置的人物身上,而背景是失焦的,那么就称为浅景深。观众的视线很自然地关注到那些在焦点以内的人物和物体。

浅景深——电影《疯狂的赛车》

　　如果前景和背景同时在焦点以内,就称为大景深镜头。

大景深——电影《疯狂的赛车》

　　在经典电影《公民凯恩》中,澳逊威尔斯和电影摄影师格雷德托兰对一种叫深焦的电影技术的运用,使得该电影变得非常经典。深焦是一种同时保留前景、中间场景和背景的方法,它给予每一个平面以同样的重视。

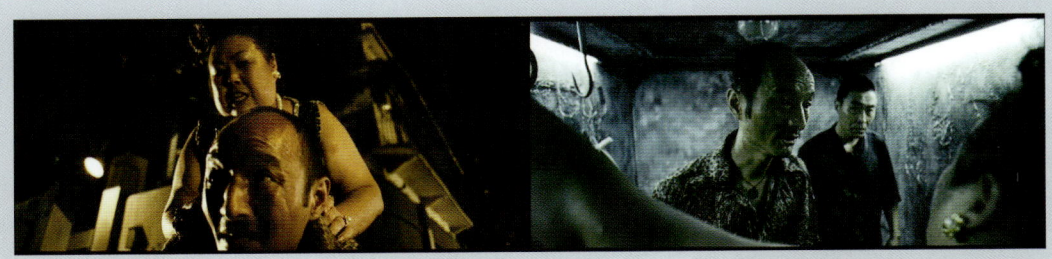

深焦——电影《疯狂的赛车》

纵深也能够通过不同的镜头类型来创造。光圈是一个用来控制光线透过镜头进入机身内光量的装置,但光圈的大小同时也影响景深的大小。光圈小时,进入较少的光线,会产生一个较大的景深。而一个大光圈能让更多的光线进入,会产生的景深较小。

景深还有一种构图方式,即通过前景、中景、后景表现不同的人物、场所、时期或心理状态。

6. 方向的缺失

当观众期待从一个熟悉的视角来看待世界时,对熟悉的视角稍有偏离便会戏剧性地强调某个场景。例如镜头画面上的人物打破常规颠倒过来,观众对这特殊的视点会不习惯,会转动脑袋试图纠正;看到大特写镜头里人物只有一只眼睛或只有一只耳朵的时候,观众也会失去方向感。方向感缺失的镜头实际上是在有意识地利用缺失来破坏观众方向的基本准则,展现人物角色的内心世界。

方向缺失

7. 大小元素

通过对大小的运用可以建立相对强弱关系。

大小对比

8. 人物构图

人物是镜头画面构图的主体。人物位置决定了构图风格、构图形式、构图效果，也决定了人物形象塑造。

① 人物在构图里处于居中位置，是将人物视为重点，摆在镜头画面中央位置，这样的处理能使画面庄重感加强。

人物构图——电影《大红灯笼高高挂》剧照

② 人物在构图里处于靠边位置，是将人物至于镜头画面两边的任何一边来表现，而将画面其余部分作为空白来处理，使镜头画面形成不平衡的效果。

人物构图——电影《2046》剧照

③ 人物在构图里被斜向处理。将人物呈对角线关系处理在镜头画面中，在表现人物造型的同时，强化人物的动态效果。这种有意调整摄像机斜向的拍摄方法常在运动摄影中被应用。从摄像机的角度去分析人物在构图中的位置，可以在360度范围内对人物进行不同表现，既有利于人物形象的表达，也有利于构图效果的丰富。

人物构图——电影《天使艾米莉》剧照

④ 人物对话场景构图
* 三分之二

在镜头画面中,面对镜头的人物角色占据镜头画面的三分之二;背对镜头的人物角色占据镜头画面的三分之一。

人物对话场景构图——电影《美国美人》剧照

* 反三分之二

在镜头画面中,背对镜头的人物角色占据镜头画面的三分之二;面对镜头的人物角色占据镜头画面的三分之一。

人物对话场景构图——电影《2046》剧照

* 二分之一

在镜头画面中,面对镜头的人物角色占据镜头画面的二分之一;背对镜头的人物角色占据镜头画面的二分之一。

人物对话场景构图——电影《忠奸人》剧照

* 中间

在镜头画面中,面对镜头的人物角色占据镜头画面的中间部分;背对镜头的人物角色占据镜头画面前景部分的三分之一,剩余的三分之一空间用来构建其他造型元素。

人物对话场景构图——电影《爱神》剧照

改变人物在镜头画面所占据的任何位置,都会使叙事重点产生不一样的效果。

构图要素:

构图要素包括线条、图形、比重、颜色等,不同的组合能够激发出观众特定的情感。

电影《2046》
导演：王家卫
国家：中国香港 2001年

剧情：

1966年，独自回到香港的周慕云，在平安夜巧遇旧识LuLu，周慕云在LuLu居住的酒店里发现了一组似曾相识的数字：2046。2046号房曾经充满了周慕云和苏丽珍的回忆，如今只剩下LuLu与男友CC爱恨交织的痕迹。

于是周慕云搬进了2047号房间，也知道了酒店老板的两个女儿王洁雯与王静雯各有心事，洁雯情窦初开，静雯与日籍男友的感情不被允许。此时新房客白玲住了进来，白玲一身风尘，撩拨起周慕云不费吹灰之力，然而当她动真情之际，才发现周慕云早已封锁了内心。

周慕云开始撰写一部名为《2046》的小说，小说中一个名叫Tak的男子搭乘前往2046的列车，去找回失去的记忆……

第六章 镜 头

电影的叙事和视觉的基础是镜头,一切都是以镜头为核心的,大量的镜头构成了场景,镜头的不同组合,形成了情节、气氛、意义。考虑电影内容和主题、风格和视觉形式、场景的空间和气氛、人物位置和形体关系、景别和机位位置、光、颜色、运动、构图,最终可确定镜头的画面构成。

关系镜头:

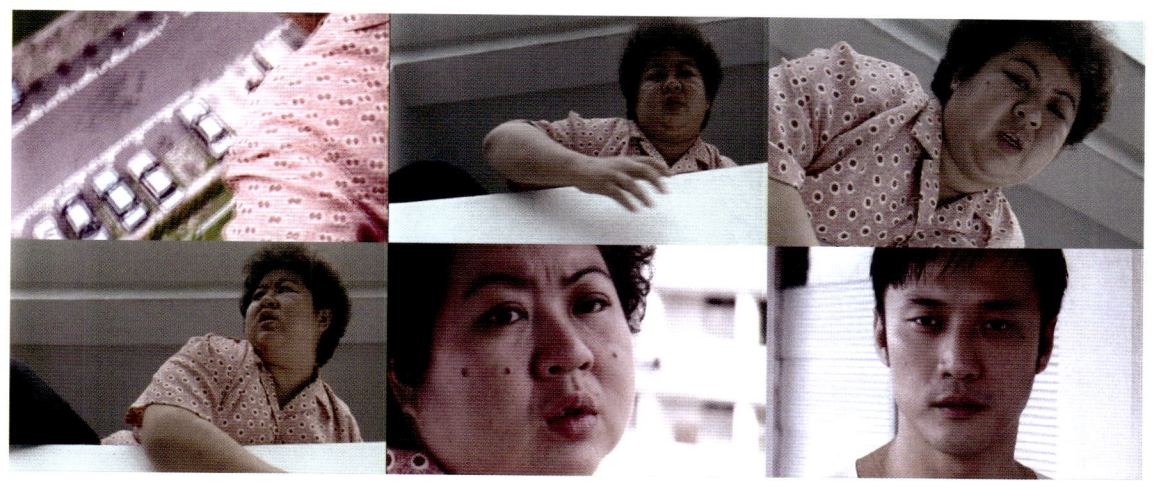

关系镜头——在电影《十二楼》中主角想跳楼的瞬间,导演对镜头组合关系的处理

* 一般是以大远景、远景、大全景、全景为主,又叫场景主镜头、交代镜头、空间定位镜头、贯穿镜头或整体镜头。在一部电影中,这类镜头的使用一般占了8%左右。
* 关系镜头主要是交代场景中的时间、环境、地点、人物、事件、人物关系、气氛,人与环境之间的关系,人物动作过程及结果。
* 关系镜头可以让视觉舒缓,强调环境的写意。
* 关系镜头在全片的比例超过10%左右会使电影的叙事风格、视觉风格发生变化,影片的视觉节奏放缓。

在电影拍摄前选景阶段或镜头设计阶段,导演要对场景中所要拍摄的关系镜头,从视觉、光线、气氛、构图、色彩、数量、风格上,进行详细的规划和设计,明确拍什么和怎么拍。

动作镜头:
* 一般以中景、中近景、近景、特写、大特写为主,又叫叙事镜头、小关系镜头、局部镜头。
* 动作镜头主要用来表现人物表情、对话、反应,再现并强调人物动作及动作过程、动作细节、动

动作镜头——电影《香港制造》剧照

作方式、动作结果等。

  * 对动作镜头的设计，主要是从人物的对话、表情、动作出发，表现叙事与风格。

渲染镜头：

  * 渲染镜头主要是对叙事、场景、动作及主题的暗示、渲染、象征、夸张、比喻、强调、类比等，类似于文学写作中的细节描写。

  * 渲染镜头所拍的景物，必须与戏中的场景有直接或间接的关系。

渲染镜头——电影《黄土地》剧照

剧情：

　　边缘少年中秋，爱上了身患绝症的少女阿萍。中秋为了帮阿萍治肾病去当杀手。在执行任务的当天，中秋被一名少年砍伤，住进了医院，行动终于失败了。一个多月后，中秋出院发现萍已去世，他一直照顾的白痴阿龙珠也因被黑社会老大荣少利用去带白粉，失手被害。这一次，中秋决心要报复，要向全世界报复……

主观镜头：

　　主观镜头是最具个人化也是互动性最强的一种镜头。当摄影机摆在剧情中一个人物角色的位置上，观众透过这个任务角色的眼睛看到情节展开，就形成了主观镜头。观众经常能在电影中看到这样的主观镜头，举例来说，一个阻击手通过阻击步枪的瞄准器来瞄准敌人。

电影《香港制造》
编剧／导演：陈果
国家：中国香港 1997 年

主观镜头——电影《美国美人》剧照

　　当一个荧幕上的角色直接看着镜头，对着观众说话的时候，也能产生主观镜头。当人物角色朝着镜头说话的时候，其实也把观众带进他的场景里，让观众觉得似乎自己也成了故事的一部分，而不再只是一个观众。

视点镜头：

　　视点镜头是从荧幕上一个特定的人物视角衍生而来的镜头。把摄像机放在人物角色旁边，此人的视角就得以被展现，这就产生了一个视角镜头。这种类型的镜头经常能增强观众的融入感，因为他们几乎是以剧中某一个人物角色的角度看着剧情的展开。

视点镜头——电影《美国往事》

视角镜头：

视角镜头也经常是一个过肩镜头，也就是人物角色的视角镜头，这种镜头可以衬托出影片里的英雄人物，通过这种镜头看到人物所看到的，比在旁边看到剧情展开更能定位人物的个性。

视角镜头——电影《东邪西毒》剧照

客观镜头：

在一个客观镜头中，摄像机被放置在一个相当中性的位置上。观众没有从任何剧中人物的视角来看待周围场景，而是从旁观者的角度来观察一切。客观镜头使观众以最大限度，没有偏见的视角来观察发生的一切。

客观镜头——电影《爱神》剧照

一、基本镜头

1. 单人镜头

单人镜头是最常用的基本镜头，因为它将单个人物角色聚焦在镜头画面中，单人镜头经常是中景镜头或特写镜头。

单人镜头——电影《爱神》剧照

2. 双人镜头

双人镜头经常用于表现两人的对话场景，基本排列形式如下：

并肩排列

（两个人物并肩，面朝一个方向）

背背排列

（两个人物背靠背，面部方向相反）

对面排列

（两个人物面对面排列）

直角排列

（两个人物呈直角排列关系，人物肩与肩基本构成 90 度）

3. 插入镜头

　　插入镜头经常是一个动作或者一个物体的特写，它被插入到一个主要场景的主要动作戏中，比如一个定格在手腕上的手表的特写镜头。

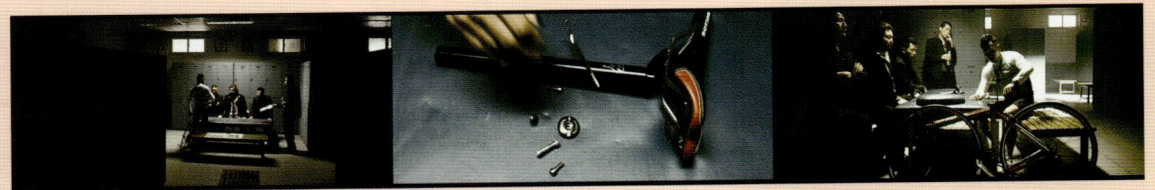

插入镜头——电影《疯狂的赛车》剧照

4. 正面镜头

摄像机被直接放在物体的正前方，这种镜头角度是很平淡无奇的，但是当用特写镜头来表现时，它们经常能传递一种亲密无间的感觉。正面镜头经常被用于表现主观镜头，电影《忠奸人》中卧底警探皮斯顿从酒吧走出被偷拍就属于这类镜头。

正面镜头——电影《忠奸人》剧照

5. 四分之三镜头

这类镜头也被称为45度镜头，通过把摄影机放在正面镜头和侧面镜头之间的位置，从而获得一个强烈的结构感。因为它呈现了前景和背景之间的景深感，所以四分之三镜头得以被广泛地运用。

四分之三镜头——电影《太阳帝国》剧照

6. 肖像镜头

肖像镜头也可以称之为侧面镜头，在水平视线上，把摄影机直接放在人物或者物体的侧面进行拍摄。

肖像镜头——电影《东方不败》剧照

7. 过肩镜头

这个镜头通常让摄影机越过了其中一个人物的肩膀，以此作为前景而显示了他的头和肩膀的一部分，但是镜头的焦点却在画面的后方，那个面对着摄像机镜头的人物身上。

过肩镜头——电影《美国美人》剧照

8. 广角镜头

广角镜头比标准镜头能摄入更大的空间范围，夸大近物和远景之间的空间距离，这就在画面中产生了一种宽广感。广角镜头的焦距很短，这就把摄像机面前的空间夸大了。用广角镜头拍摄的电影类型应该是大量使用全景画面的，比如电影《瓶中信》，就是以一个漂浮在海洋上小船的全景镜头开场的。

广角镜头

广角镜头

广角镜头经常被用于拍摄建筑物或者风景的定场镜头。当使用广角镜头时，前景和背景的物体会同时在焦点之内，增强画面的三维立体感。

广角镜头的一个特质是正常的透视系统被扭曲。广角越大，画面扭曲的就越厉害。当一个主体离摄像机很近的时候，镜头就夸大了物体的大小关系。比如用广角拍摄人物的脚踢向镜头的画面，会让人产生错觉，同被缩小的身体相比，脚被夸大了。例如在电影《疯狂的赛车》中，李法拉给耿浩点烟时的手就是典型的广角镜头。

广角镜头——电影《疯狂的赛车》剧照

9. 长焦镜头

长焦镜头的景深很小,它压缩了前景和背景。这创造出一种错觉,物体彼此之间看上去离得很近。通过使用长焦镜头,画面中任何不需要分散注意力的物体都被排斥于焦点之外,这让画面的背景看上去显得很平。

长焦镜头——电影《座头市》剧照

剧情:
一九四一年上海沦陷时,一名英国驻上海的外交官之子吉姆在逃难人流中与父母失散,被日本人关进集中营,直到抗战结束的种种经历……

电影《太阳帝国》
导演:斯皮尔伯格
国家:美国 1987年

第六章 镜 头　113

剧情：
　　令狐冲在一次与师兄弟下山办事的过程中，意外地发现东方不败与倭寇串通有谋反之意，准备救出任我行联手除掉东方不败，但令狐冲不认识东方不败，误把东方不败当成一位美貌少女，以至于使自己的同门尽皆死于东方不败之手……

电影《东方不败》
导演：程小东
国家：中国香港 1992 年

二、摄像机机位

1. 高角度镜头

　　在一个镜头中，把摄影机放置在比被摄者高的位置（并不是直接放在头顶），然后使摄影机下移，这种镜头形式经常能引起观众情绪上的被动，并且经常暗示着一个人物地位的卑微和面对世界的渺小，弱化人物的特性或地位。

　　高角度镜头还经常被用于创造一些让人从中获得审美愉悦的镜头。比如，一个拍摄过山车的高角度镜头，从高处拍摄过山车让观众不但能看到车的细节，而且还能看到周遭的环境。

高角度镜头

2. 低角度镜头

将摄像机放在低于被摄物体的位置，然后把机器上移，经常能创造出一些让观众视觉上产生兴奋感的镜头。以一个低角度镜头拍总统，经常能激发观众的敬畏之情；以一个低角度镜头拍摄一个杀手，则让他看上去更加阴险和凶残。人物角色的力量经常以一个轻微的低角度镜头来展示，暗示他们的主导地位。因此在一个画面中，表现一个人物的地位高于另一个人物的时候，低角度镜头也能起到显著的效果。

在电影《愤怒的公牛》中，以一个惊险的对抗场景为例，这个场景发生在两个重量级拳手之间，在这个场景中，导演用了一个低角度镜头来拍摄击打，紧接着用高角度镜头来表现被重创，这个低角度镜头和高角度镜头，分别展示了强大和弱小。

低角度镜头

低角度镜头——电影《愤怒的公牛》剧照

电影《愤怒的公牛》
导演：马丁·斯科塞斯　美国 1979 年

剧情：
　　出生于纽约布鲁克林区的拳击手杰克拉莫塔身体结实、出手敏捷，在拳坛被称作"愤怒的公牛"。由于不愿向黑手党低头，他始终无法获得拳王挑战赛的资格。经历数次挫折之后，他终于同意黑手党的安排，故意输掉一场比赛，以换取挑战拳王的资格。在取得拳王称号后，拉莫塔开始怀疑自己的妻子和弟弟，认定他们背叛了自己，于是……

3. 水平镜头

在这种镜头中，摄像机被放在与人物角色的眼睛处于同一水平的位置上。镜头直接对着人物角色的眼睛，这时候观众经常能感受到自己同影片中的人物处于同等的地位。这种镜头在电影拍摄过程中常被采用。

水平镜头

4. 俯视镜头

拍摄一个俯视镜头同高角度镜头的方式稍微有点不同，后者是把摄像机直接放在场景的正上空，而俯视镜头让观众能从高度俯视到城市里的建筑物、桥梁、或者一个运动场。

俯视镜头

5. 倾斜镜头

这种镜头的画面是偏离中心，或者倾斜的，所以画面主体看上去失去了平衡。这种效果能创造出一种不确定的感觉，并传达给观众。我们经常能看到倾斜镜头的出现，尤其在一些刻画精神错乱、暴力或者失去控制的人物场景中。倾斜镜头被广泛地运用在恐怖电影、心理电影和犯罪电影中。

倾斜镜头

三、摄像机运动

1. 垂直摇动镜头

当把摄像机固定住,沿着机器的纵轴上摇或者下摇,就产生了一个摇动镜头。比如沿着一座大楼上摇或者下摇便传递了高度的感觉。摇动镜头经常被用于逐步揭开事物,比如先从一个人物的脚开始拍起,向上摇到身体,再摇到脸部。

垂直摇动镜头

2. 横摇镜头

每个镜头在它的轴上都有一个支点,可让其在画面中跟随人物角色或物体的运动而运动,从左到右或从右到左。横摇镜头移动画面时,镜头和被摄主体之间的距离保持不变,从而引导观众的注意力,从一个场景的一部分到另一部分。很多电影用横摇镜头作为定场镜头。

横摇镜头——电影《醉画仙》剧照

当横摇镜头的运动速度非常快的时候,又被叫做甩镜头。这种镜头是让摄像机做了一个剧烈的转移,从一个物体或者场景转到另一个物体或者场景上。

甩镜头——电影《天使艾米莉》剧照

3. 摇臂镜头

把摄像机放在一个可以上下升降的摇臂上，摄像机所能摄入的范围是很广的，而且还能创造出不同寻常的镜头角度。依据故事情节而运用摇臂镜头，将会产生动人的、振奋的或者气势汹汹的画面效果。

摇臂镜头——电影《魔戒》剧照

当摇臂镜头被运用到电影特效中的时候，所产生的效果是令人振奋的。一个传统镜头的运动范围是受到限制的，而一个"全能"镜头却可以想去哪里就去哪里。最著名的使用"全能"镜头的电影之一是《泰坦尼克号》，在电影中，杰克站在船头伸开他的双臂，镜头迅速后移，然后升起，直到游船的烟囱处。这种镜头运动创造了一个令人叹为观止的效果，也是用传统镜头不可能拍摄的。

摇臂镜头——电影《泰坦尼克号》

4. 推拉跟镜头

　　推拉跟镜头是把摄影机放在移动车上或者摄像机轨道上进行拍摄的镜头（国内连续剧拍摄时，经常使用轮椅，摄像师坐在轮椅上，工作人员按摄像师的要求推进或后拉）。它可能朝着被摄主体运动（跟推镜头）或者远离被摄主体运动（跟拉镜头）。

推拉跟镜头——电影《好家伙》剧照

5. 跟镜头

　　跟镜头和推拉镜头很类似，但它并非跟着被摄主体推镜头或者拉镜头，而是让摄像机跟着运动物体或者人物角色一起运动。跟镜头让观众能够一直跟随人物交谈和运动。

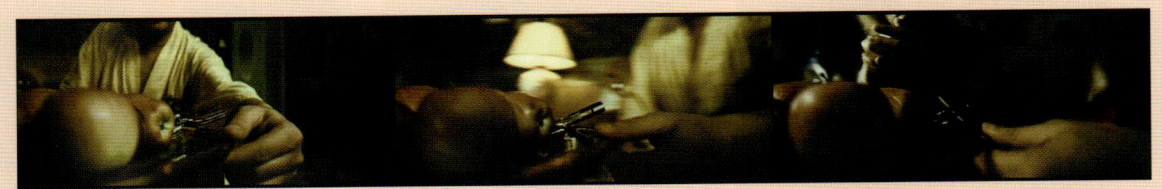

跟镜头——电影《疯狂的赛车》剧照

6. 斯坦尼康镜头

　　对某些情节来说，手持拍摄镜头中的摇晃和抖动有很好的效果，例如恐怖电影中混乱的追杀场面，或现实记录片；但大部分情况下，导演都很少使用手持摄影法。如果某个情节要求移动摄像机，那么工作人员会将摄像机绑在小推车（一种可沿小道或平滑地板移动的有轮平台）上。很多情节都可以靠小推车的配合获得不错的效果，但是这也具有一定的局限性。例如，不能在楼梯上使用小推车，并且不容易绕过障碍，更不要说在不平坦的地面上使用了。这种情况下就要使用一种叫做斯坦尼康的设备来保证长时间移动手持拍摄的镜头没有摇晃和抖动的痕迹。斯坦尼康最常用的一个功能就是当演员围着障碍物或在不平坦的地面上走动时跟踪其动作。

　　最著名的斯坦尼康镜头之一是在黑帮片《好家伙》中持续长达3分钟之久的一个镜头。这个镜头从亨利希尔把钱付给一个泊车侍者开始，跟着他走进饭店，一直到他来到桌子面前和朋友们会面。

斯坦尼康镜头——电影《好家伙》剧照

7. 变焦镜头

保持摄像机的静止不动,让镜头的焦距伸长或者缩短。当一个镜头焦距变短,画面变"紧",我们称它为推镜头。当一个镜头焦距范围慢慢的变大,画面变"松",我们称它为拉镜头。变焦镜头经常是从一个大特写镜头开始,然后拉出来到中景,来揭示为什么人物会如此的恐惧。

变焦镜头——电影《天使艾米莉》剧照

8. 变焦推拉跟镜头

变焦推拉跟镜头是指一个变焦镜头加上一个变焦推拉跟镜头。在电影《大白鲨》中，导演斯皮尔伯格就使用了变焦推拉跟镜头。当坐在海滩上的布隆迪看到大白鲨正在啃食一个小男孩的时候，摄像机向他移动，但是焦距却在变大，成了一个向前移动的拉镜头。斯皮尔伯格用这个镜头来传达布隆尼的震惊和手足无措。

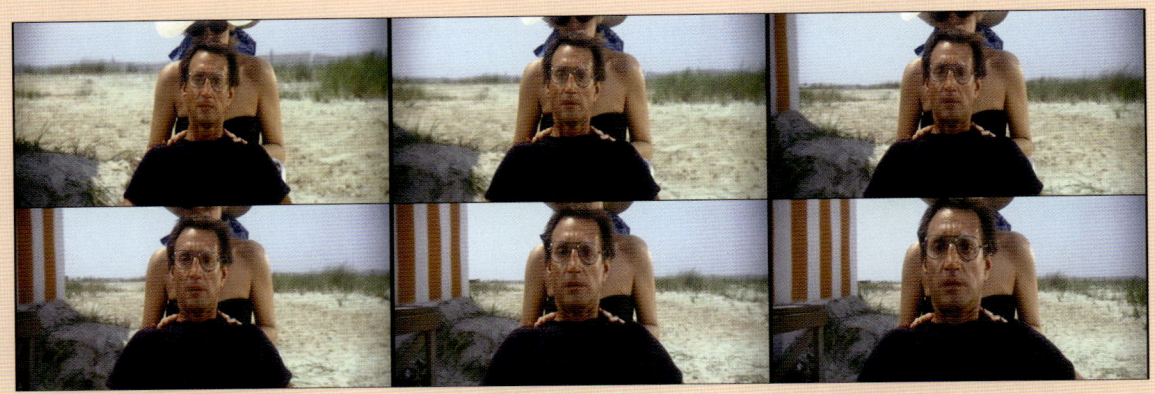

变焦推拉跟镜头——电影《大白鲨》剧照

剧情：

19世纪中叶，身为乞丐的少年张承业落难街头，巧被书画世家金师傅所救并收留。金师傅意外发现少年张承业在绘画方面天资聪慧，将承业推荐给一位乡村画师，承业学习刻苦，进步神速，但画师不幸因病去世，金师傅又将承业荐往当地士绅李应宪家做下人。李府家大业大，好学的承业借机在李府悄悄自学绘画。李府千金李小姐待嫁闺中，她对承业的绘画青睐有加。面对红花美景，羞月佳人，青年承业不禁情窦初开，暗恋心生。可是，出生的贫贱，门第的沟壑，使两人虽近却远，了无姻缘。不久，李小姐风光外嫁，失意的承业于黯然中离开李府……

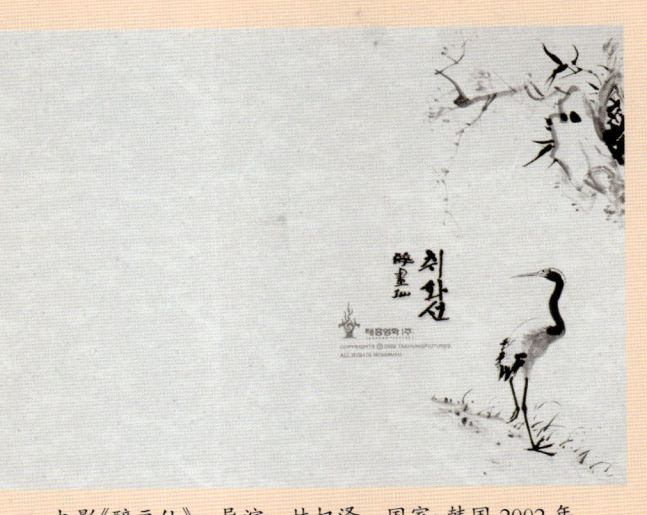

电影《醉画仙》 导演 林权泽 国家：韩国 2002年

剧情:

车手耿浩获得了银牌,但因体检前服用了李法拉的伪劣保健品而被禁赛;不法商人李法拉,雇凶暗杀老婆,杀手却被老婆收买;台湾黑社会大哥东海带着三个小弟来大陆贩卖毒品……几组人又阴差阳错地因一个神秘的箱子走到一起。与此同时,耿浩被陷害,使警察误以为他是坏人。在警察紧紧盯住耿浩之时,坏人却从他们眼皮底下溜走……

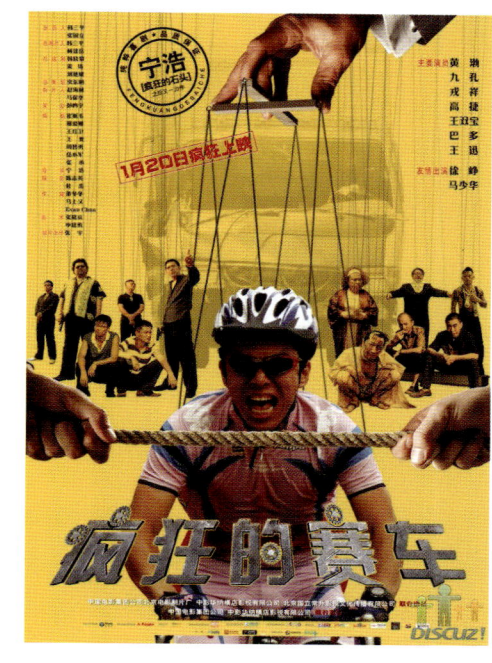

电影《疯狂的赛车》 导演:宁浩
国家:中国 2009 年

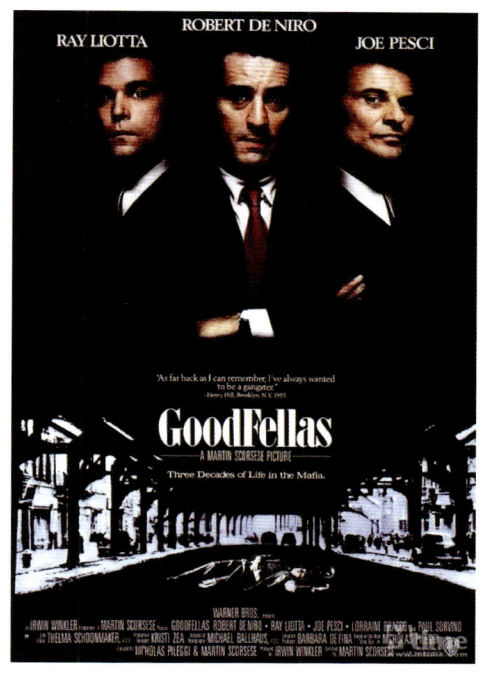

电影《好家伙》 导演:马丁·斯科塞斯
国家:美国 1990 年

剧情:

亨利从小厌恶学习,他逃学为黑帮分子做喽罗,到处惹是生非。因被捕后坚持不向警方透露同伙得到黑帮教父的赏识,从而正式地加入黑帮并成为骨干。在托米的介绍下,亨利认识了出生在中产阶级家庭的女孩凯伦,不久他们便恋爱结婚了。后来,亨利和吉米因殴打欠债人而被捕入狱。凯伦带着孩子探监时告诉亨利,黑手党并没有像承诺的那样照顾他们。为了解决家人的生计,亨利在狱中做起了毒品交易……

第七章 镜头角度

镜头角度作为摄像的造型手段和导演的叙事风格,它涉及到画面构成和画面视觉形式。镜头角度在制作上又被叫做摄像角度,画面角度,拍摄角度和机位高度。简单解释就是摄像机拍摄时候的视点。角度的变化对构图效果、人物塑造、空间表达、场面调度和电影叙事起到着丰富艺术表现力的作用。

* 镜头角度是高度关系。
* 镜头角度是摄像机的空间位置。
* 镜头角度是以一种视觉形式给观者确定的视觉发源点和发源方式。
* 镜头角度是构图,是一种画面构图组合关系。
* 镜头角度是电影叙事风格,是导演语言形式。
* 镜头角度影响空间又决定空间。
* 镜头角度是拍摄时的镜头位置。
* 镜头角度是视点关系。
* 镜头角度是透视,它会影响人物造型。
* 镜头角度是手段,是造型的主要元素。

一、镜头角度的关系

一旦摄像机机位确定后,镜头角度就决定了三种关系。即镜头角度决定了拍摄距离关系、拍摄方向关系、拍摄高度关系,这是镜头角度自身三维一体的关系构成。

镜头角度的确定需要关注场景、叙事关系、人物位置、背景、构图、线条、透视、镜头风格、剪接、场面调度等问题。

1. 距离关系

距离关系又叫画面透视关系。摄像机与被摄主体之间的距离,是靠在画面透视关系形成的,距

距离关系——电影《座头市》剧照

离越近,画面透视越大;距离越远,画面透视越小。

距离决定透视,但空间决定了距离。场景的空间制约着镜头与被摄主体的距离关系。场景空间大,就可以让镜头远离主体,如果场景空间小,那么镜头只有靠近主体。

2. 方向关系

方向关系又叫画面背景关系,是指摄像机朝哪一个方向去拍摄。

方向关系——电影《阿甘正传》剧照

镜头角度仅仅决定镜头关系下的方向,而方向与角度构成的联系也仅仅表现在画面的背景构成上,满足电影的叙事模式、叙事行为和叙事风格。

3. 高度关系

高度关系是镜头画面角度的核心。由于镜头机位高度的不同,必然会造成画面造型元素中的背景、地平线、空间、透视、线条、光线、色彩、构图等项的不同排列组合,造成画面视觉形式的不同与变化。无论是较大的变化还是细小的变化,都会影响到画面视觉效果。

高度关系——电影《修女也疯狂》剧照

电影《座头市》 导演：北野武
国家：日本 2003 年

剧情：

19 世纪的日本，盲人"市"是一位精通剑术的武士，他闪电般的拔剑斩人速度确实令人恐惧。平时他靠赌博和为人按摩为生，一次在一座被黑帮控制的小镇上，市与朋友真吉遇到了几个艺伎，她们隐姓埋名，苦练技艺，等待为父母复仇的机会。市答应帮助她们，为正义而奋战。邪恶的黑帮党羽派人暗杀市，他拔出身边的长剑自卫……

二、镜头角度的基本功能

摄像机角度在电影叙事结构中的运用要讲究技巧关系，要符合人物形体和动作的表现，又要有利于画面构图与构成。在决定画面的视觉效果、视觉形式上，镜头角度是最关键的因素之一。任何一个镜头角度的设计与运用，都是为了体现出画面的可视性和导演运用的风格。镜头角度实质上强化了视觉形式，形成的风格可以帮助影片叙事，也决定观众以什么样的视点去观看镜头画面所表现的主体。

从实际拍摄上分析，在各种造型元素中，如演员、场景、服装、化妆、道具、灯光、美术都具备的条件下，摄像镜头画面的角度就成为决定画面好坏的关系因素。

虽然镜头角度本身不是视觉元素，但是它可以创造和强化视觉效果。镜头角度必须是精心选择安排和设计的，不适当、不精心的角度，拍出的画面难以具有视觉吸引力。

1. 强化原有场景空间的透视关系

电影中的场景空间大小一旦确定后，就不会有可能再改变。但在创作中，为了在视觉上有所强调，往往会用广角镜头和长焦镜头在视觉上夸大或缩小这种空间关系，除了这一特定的光学因素外，运用低角度仰拍和高角度俯拍也会在画面视觉上强化场景空间关系。

强化透视关系——电影《迷失东京》剧照

2. 体现人物位置关系及叙事关系

创作中经常遵循这样的规律:叙事结构、叙事内容决定人物的动作和形体关系,如站着或坐着;而人物的动作如人物形体关系,决定着摄像机的角度。常规的方法,如果是一个双人对话场景,而且人物关系是一个人站着,一个人坐着,那么,镜头角度必然对站着的人仰拍,对坐着的人俯拍。

人物位置及叙事关系——电影《修女也疯狂》剧照

这种镜头设计既符合场景人物关系,又符合形体关系,同时也符合视觉调整关系。但如果场景中的两个人都是坐着谈话,为完成这一叙事要求,镜头角度的处理就应该是三种关系:全部平拍、仰拍或俯拍,这样才能体现出叙事的平等关系。如果两人对话并没有暗示谁是重点,而对一个人物 A 采取了仰拍,另一个人物 B 采取了俯拍,那么观众会认为在这场对话戏的叙事关系中,人物 A 是重点,人物 B 非重点。这就是除了动作和对话外,角度对视点关系产生的重要影响。

剧情:

迪劳丽丝是月光夜总会出名的黑人女歌手。夜总会的老板黑社会头目文森与她有暧昧关系。迪劳丽丝因文森送她的皮大衣是他妻子穿过的而生气,去找文森算账却意外地撞见文森支使手下杀人。她逃脱了杀手的追击,向警官素德讲诉了事情经过。为了保证她的安全,警官素德将她藏到了圣·凯瑟琳修道院……

电影《修女也疯狂》

导演:埃米尔·阿多里诺　国家:美国 1992 年

3. 表达人物形象

镜头角度对人物形象的表达，是指在演员自身形象、气质、化妆、服装、叙事情节、动作之外的形象再表达。镜头角度的这种表达功能又被称为视觉揭示。

通过镜头角度表达人物形象、形体动作，从而进一步传达出人物的性格、思想。如仰拍，人物形象会十分鲜明，仰拍瘦人会使人物显的略微丰满；俯拍，人物形象会略微逊色。俯拍胖人会使人物显瘦。

表达人物形象——电影《座头市》剧照

4. 主观及视觉形式处理

镜头画面角度，表面上表示摄像机位置关系，实质上代表导演的主观感受和视觉处理。在实际创作中，很多导演和摄像师并不精心去做角度设计，但角度是机位，是一种主观处理的结果，要有镜头画面角度总体规划，以求让角度在视觉上形成一个形式效果。

主观视觉形式——电影《大红灯笼高高挂》剧照

电影《大红灯笼高高挂》在画面角度的处理上就有其主观的效果。对陈老爷家的大院，宏观表现的时候永远是大俯拍，这是一种框架式的格局和封闭式的处理。而对人物及人物的局部生存环境拍摄的时候，则更多地用仰拍，使画面上的背景对人物产生压抑与禁锢感。这种镜头画面角度上的主观性及视觉形式处理，强化了影片的叙事风格和造型风格。

5. 电影视觉形式风格

当在电影的镜头画面处理过程中，以某一种角度为主的时候，就会形成一种视觉主导风格，从而在视觉效果上，影响整个电影的叙事内容和造型风格。正常角度的平视拍摄，画面并不会有什么视觉异样和鲜明感，因为这种镜头角度只是对景物和人物的正常再现。仰拍的低角度和俯拍的高角度则会引起人物的视觉兴趣，主要原因是观众缺少这种视觉经验。

视觉风格——电影《杀死比尔》剧照

国家：中国 1991年
电影《大红灯笼高高挂》 导演：张艺谋

剧情：
　　读了半年大学的颂莲被财迷的继母嫁给陈老爷做第四房太太。颂莲新来乍到便被前几位太太挤兑的叫苦不迭。涉世不深的她想用假怀孕来博得老爷的宠幸，不想此事被幻想做陈家太太的丫环雁儿识破，告诉了二太太。当陈老爷得知颂莲并没怀孕时，下令封灯。失去宠幸的颂莲在陈家大大小小的算计下疯了……。

三、镜头角度处理

　　镜头画面角度划分的生理、心理基础，都是以人的视线基点为基础的。人的视线一般表现为正常的水平线关系，由此又可分为三种角度：平角度(平摄)、仰角度(低角度、仰拍)、俯角度(高角度、俯拍）。

从镜头画面最终视觉效果分析，独特的摄影角度能够对镜头画面的视觉、透视、影调产生影响，能够有助于场景空间的描述，同时它对人物形象的刻画，对电影叙事结构以及情节的描绘产生影响。镜头角度体现风格、刻画人物、表达人物关系、强调场景关系，也是导演语言及风格样式的外在形式。

1. 平角度拍摄（平摄、平拍）

平角度拍摄是摄像机处于与人眼等高的位置、平视效果符合正常人眼的生物特征，能够使画面产生平稳的效果。

* 平角度拍摄时，由于画面中的地平线位置处于画面中央而产生分割画面的感觉；使垂直形体的被摄对象得到基本再现，而水平的形体、厚度不太大的被摄体就不能得到基本再现。

* 平角度拍摄时，由于平角度拍摄而形成的透视感比较正常，不会使被摄对象因透视变形而产生歪曲与变形，适合于表现具有明显线条结构或者有规律图案的物体。由于镜头处于水平高度关系，平拍的时候，在画面构成中，会把处于同一水平线上的不同距离的前后景物相对地重叠在一起，看不出景次的关系，缺乏空间透视效果，不利于层次感的表现。

* 平角度拍摄时，镜头画面主要体现其镜头客观性和代表一个人的主观视线，对人物形象表现十分忠实，不变形，不走样，但画面视觉呆板，缺乏生动性，没有较大的戏剧性。

平角度——电影《迷失东京》剧照

由于平行视点是人的正常的视点关系，所以平角度拍出的画面，不会有更大的视觉吸引力。平角度不是不能用，不能拍，而是在于怎么拍，怎么用。使用这种方式拍摄镜头画面时，目的一般是：

* 追求画面本身的平稳，视觉端正与平衡，不要明显的透视关系。

* 形成一种叙事风格、视点风格、画面风格，将画面效果融入导演创作中。

* 代表剧中人的主观视点。这种平角度必须有若干镜头结构一起，才能体现出其意义来。

2. 仰角度拍摄

仰角度拍摄是摄像机处于人眼视线以下的位置，或者低于拍摄对象的位置。从纯视点、纯角度来说，仰拍的画面对表现主体会产生一种仰视、敬仰、暗示、突出、醒目、敬畏、优越感的效果，表示出赞颂、强调的意义，会进一步体现被拍人物的重要性。略微仰拍有利于人物形象表达。但稍仰和大仰拍，则要有一定叙事情节做基础，否则这种镜头拍出来会显得无叙事根据，在视觉上也会让人感到不舒服。这是因为，人物近景在较近的距离用过仰的角度，易对人脸产生透视变形。

仰角度——电影《杀死比尔》剧照

仰拍镜头角度的这种视觉新鲜感，使得被摄主体被赋予一种象征意义。画面中被摄主体无论是人物还是景物都因其重要性而被强调，形成一种高大、强壮的形象或具有力量感、雄伟感，另外由于视点原因，形成在画面视线上方汇聚、高耸而压迫人的视觉。这种视觉效果的产生，则完全是由于角度变化而产生，即视觉变化——构图形式变化——画面意义变化——心理关系变化——情感变化。

* 仰角度拍摄时，画面中的地平线根据构图处理的不同，可以置于画幅下方，也可以置于画幅上方或画幅之外，但仰拍大都将地平线处理在画幅下方。

* 仰角度拍摄时，近处景物高耸于地平线上，后景景物被前景遮挡，得不到表现或部分重叠。由于角度的低下，后景景物进入不了画面，有净化背景的作用。当有后景出现的时候，则有被压缩在地平线上的感觉。外景中的仰拍，天空是主要背景。

* 仰角度拍摄时，画面中竖向的线条，由于仰拍的关系，有向上透视集中的感觉，从而增加景物的高大感和气势。

* 低机位的处理，可以在拍摄中消除前景及后景中不想要的景物和人物。使画面在构成上，近景的人物、景物更加高大；远景的人物、景物更加远离。获得强烈的距离感和透视感。

* 仰角度拍摄时，在画面上可以突出摄像机与主体之间的特殊的空间关系。同时，表现场景中天花板、顶棚与主体人物的视觉联系，用以增强人物与环境空间关系，使观众相信场景的真实性，不至于破坏环境空间的美学效果。

剧情：

鲍勃·哈里斯，逐渐过气的好莱坞影星来到东京拍摄一则威士忌广告。夏洛特，年轻美丽的大学毕业生，她陪身为职业摄影师的丈夫来到东京。夏洛特有她对新婚后被冷落的孤独，哈里斯也有对婚姻生活厌倦的疲惫。都是断肠人的他们在碰撞后，似乎又找回了生活的信心……

电影《迷失东京》
导演：索菲亚·科波拉　美国 2002 年

3. 俯角度拍摄

摄像机的位置高于人眼视线以上的位置。俯拍的时候，画面构图处理常将地平线放置在画幅上方，甚至将地平线处理在画幅外；地面上竖立的高景物、站立人物有一种斜向汇聚效果。同时由于画面背景不是天空而是景物及地面，不存在景物完全重叠问题，因此景物层次分明，十分独立。

当地面景物单一的时候，背景则十分净化，但由于地面景物色彩与人物色彩的相近性，在画面构成上不如仰拍影调那样鲜明。所以在需要俯拍的场景中，景物要有色彩差别，以突出人物和被表现的景物。

镜头画面中，竖向线条的景物，由于俯拍角度关系有一种被压缩感。大俯拍的时候，会看不出竖向景物的高度关系，而与地面会形成点面关系，难以体现景物的高度关系，只能体现环境的宽大与规模；下图被拍摄人物的手，突显不出人物的高大，反而由于景别的关系而显得人物弱小，消弱人物自身的力量和重要性。

俯角度机位处理，经常会避开天空，消除人物以及不必要的景物的上半部。俯拍的处理，在画面上完全是一种构成关系，有一种宏观表述意义，强调的是环境的空间概念、人物在其中的位置关系。采用全景的景别处理，则有利于场景气氛、空间关系的渲染。

俯角度——电影《座头市》剧照

* 电影《大红灯笼高高挂》中对陈家大院这一特定的贯穿场景，除了采用全景、大全景、远景、大远景的景别系列外，导演和摄像师还采用了俯拍角度、强调了院落的封闭布局、环境的空间概念，极具风格效果和象征意义。

在外景拍摄中，俯拍具有最大的自由度。高度和景别的配合是任意的，可以表现人物与人物、人物与空间之间更大的空间关系，使人物更孤立无援，使空间更宽广，使人物与环境更加浑然一体。

* 电影《红高粱》中，叙述人的爷爷和奶奶在高粱地里的那场戏，狂风吹动的高粱四处飞舞，叙述人的奶奶躺在一片倒下的高粱中，他的爷爷跪在地上，给人的感觉是人物融在了环境中。俯拍角度赋予了这个画面视觉更多的外在含义，使这一叙事及动作的喜剧效果与含义得到加强，使动作有一种仪式感和使命感。

除了风格处理上的要求及外景场景空间处理关系，一般在画面角度运用上不采用垂直高角度大俯拍。因为这样处理内景会使人怀疑场景的真实性和镜头存在的合理性，也会破坏环境空间的合理性。

* 电影《出租汽车司机》中，男主人公杀完人以后，靠在墙边，摄像机不但是大俯拍，而且还是横移运动,既表示一种社会的异化与扭曲,又是一种终结。

* 电影《卡桑德拉大桥》一开始就是三匪徒装扮成急救人员,推车进入大门的大俯拍,表示了危险事情的开始。

4. 镜头角度运用

在拍摄现场临场发挥,随心所欲,镜头画面角度以刁为美,以怪为佳,但由于故事没有整体镜头画面角度的设计,加之摄像师忽略了其内在的联系,使很多镜头在角度上虽然变化很丰富,视觉很刺激,但却缺少内在联系,缺乏美感,成为形式上的堆砌,进而破坏叙事,造成视觉上的不适,产生无法挽回的遗憾。在拍摄中,要注意和考虑一下几点:

镜头角度——电影《毁灭之路》剧照

* 镜头角度的选择。首先要关注被摄主体的特征,形式不能超越内容。比如两个人物坐在地上的场景,俯拍、平拍是可能的,仰拍视乎就有些不可能,容易破坏了人物关系。

景次单一,但景物轮廓较鲜明的宜仰拍。

景次较多,但景物轮廓并不十分醒目的则适宜俯拍。

* 拍摄角度的选择,必须符合被表现主体的实际特征。只有这样,创作者通过对客观世界(拍摄主体)的体验、认识、评价、感觉和情感色彩,才能找到恰当的机位角度,形成恰当的画面。

* 除了对影片的主体、内容及思想内涵有一个明晰的要求外,绝不能忽视镜头角度的总体构思要求。要从电影视觉造型风格设计和运用镜头角度的总趋势来决定每一场戏、每一个镜头段落、每一个人物的镜头角度,镜头的每一个角度都要服从电影造型风格设计。

* 考虑人物关系和人物造型。人物的形体关系制约着镜头的角度,这在前面已有了详尽的叙述。在这里,更多地是强调镜头角度要充分考虑人物造型和人物形象。

* 重视用镜头角度的变化,调整观众的视觉注意力,形成视觉变化规律和节奏。在拍摄中,场景、色彩关系、人物、光线等在常规条件下一般是不变的。在这种情况下,变换镜头角度是达到变化构图、变化视觉的唯一方法。这种镜头角度上的有序,其变化的根本目的是用这种视觉变化的旋律来调整、规范观众的视觉注意力,强调和突出视觉重点,从而形成视觉变化的形式效果。

5. 镜头角度变化

镜头角度有意义的变化,实际上缘于导演有效控制画面构图形成的视觉节奏。但也不能盲目变化角度,使构图、空间视觉显得凌乱。

镜头角度——电影《职场杀手》剧照

* 大仰角度、大俯角度的使用要顾及主观、客观镜头的要求。大仰拍角镜头,只有人物在极特殊形体状态下(趴下、躺下)才有可能成为视觉出发点,并成为主观镜头,增加真实可信度。

* 在每个场景拍摄中,还要根据空间关系、光线要求、戏剧叙事内容确定场景的总角度。总角度在拍摄中又称之为总方向、主角度,是为了使场景空间关系准确表达、使各镜头之间互相统一的全景拍摄角度。总角度,实质上是任何一个场景拍摄中景别最全、角度最佳、空间关系最明确、光线效果最鲜明、人物场面调度最清楚的最佳拍摄主要角度,也是总的摄像方向。拍摄中,首先要拍摄的是总角度机位的画面,以后的其他镜头也都根据这一总角度来选定总的摄像方向,并按其造型元素的配置进行拍摄。总角度的确定是要对其空间中摄像师所控制的光线、色彩、反差等有一个总的规定,以保证其他镜头处理中的技术、艺术条件大致相同,从而使一场戏的视觉效果尽可能的统一。

6. 镜头角度转换

* 切换转换。上一个镜头是俯拍,下一个镜头则用仰拍。这种转换效果明确,视觉刺激性强。但要求摄像师在营造画面的时候,要设法在元素组合上让两者有一定联系。

切换转换——电影《杀死比尔》剧照

* 运动转换,利用人物的运动和摄像机机位的运动,造成画面拍摄角度的连续转换。这种转换方式非常明确,让观众在一个连续镜头段落中能够清楚地看出角度是怎样变化的。但这种方式也存在一定的问题,即角度转换需要较长的时间。

运动转换——电影《杀死比尔》剧照

四、镜头角度的决定因素

每一个镜头用什么角度拍摄是完全自由和任意的。但实际上,所有的导演、摄像师又十分在意、十分关注每一个镜头画面的角度。

在拍摄中,导演都非常讨厌非同一般视觉角度的画面,担心会使画面呈现出导演和摄像师的存在,但又总想方设法拍一些一鸣惊人的难忘镜头。往往是慎密地计划好了,对每一个画面的角度都设计详细,然后到现场拍摄的时候只全部推翻。如果这样做仅是局部的个别镜头,还可以理解,也可以认同。但如果是整体的,那则证明电影在镜头角度处理上,并没有一个完整的构想。

镜头角度,在拍摄中像所有其他的造型手段和造型元素一样,一定要有整体的设计和构想。没有整体,就没有局部。决定和影响镜头角度的因素有下面几个。

1. 风格

风格是一种视觉语言结构与画面效果的体现。将拍摄镜头角度作为主导形式贯穿影片,必然会在视觉、画面、效果上形成独特的韵味,当然,决定镜头角度的关键还是在电影的叙事内容本体上,也在于这一切内涵表达所采用的手段及技巧的运用上。这就是常说的电影的风格决定镜头角度。

在电影的创作中,对镜头角度的处理及运用,可以分为两种风格。

① 以平角度摄像为主,老老实实地拍摄,不去追求什么特殊的摄影角度。那么,这种方式必然要

镜头角度——电影《修女也疯狂》剧照

求摄像师对画面的其他造型元素尤为重视，只有这样才能在保证视觉造型弥补平角度的不足。

② 以各种镜头角度变化为主，追求角度变化所带来的视觉造型的鲜明性。以这种方式处理，则要求摄像师在一场戏或影片整体中，以某一个角度为主，形成角度趋势，从而决定一场戏或电影的视觉风格。导演和摄像师是根据影片未来要达到的视觉风格决定每一个场景、每一个镜头的角度。

镜头角度——电影《职场杀手》剧照

电影风格决定镜头角度风格，镜头角度风格反过来又影响和完善着电影的风格。有种说法是，拍摄有的时候有上百种方法和多种镜头角度，但真正最好的镜头角度只有一个。这种说法是片面的，因为对主体、内容、场景、光线来讲，最好的镜头角度相对只有一个。但这也不是绝对的，视线、风格、效果、画面来讲，却可以由若干个镜头角度来表达。

剧情：
高级职员布鲁诺在一家造纸厂辛勤工作，因工厂外迁而被解雇。40 来岁的布鲁诺一直找不到称心工作。他想通过另类的奋力自救来保持自己和家庭的生活水平，逃脱被社会淘汰命运……

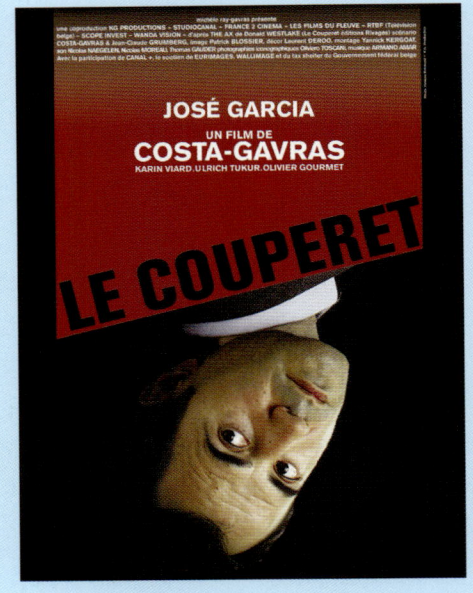

电影《职场杀手》
导演：科斯塔·加夫拉斯　法国 2005 年

2. 场景

场景是环境的具体体现。场景对镜头画面角度的空间制约性，决定了镜头画面角度的设计，必须以场景为依据，根据场景的空间特征来安排画面角度。

① 内景

在摄影棚内景的拍摄中，无论景搭得多高，处理画面的时候，也只能是稍仰，根本不可能有大仰角的拍摄。这不仅是因为叙事环节没有这种依据，而且由于场景中没有顶棚，容易使灯、顶棚、灯架等穿帮。这种场景的假定性制约了角度的任意性。摄影棚内拍摄可以稍俯、俯、大俯、甚至可以垂直俯拍。尽管垂直俯拍会在画面中形成棚内假定性效果。

镜头角度——电影《毁灭之路》剧照

实景内景或者是棚内搭制的有天花板的内景,仰拍就有较大的任意性。拍摄到天花板的大仰角度,反而会增加场景的真实性,会在画面内强调人物与场景顶部的真实关系。实际拍摄中,场景不高的实景内景及有顶棚的天花板,由于场景的限制,不允许有垂直俯拍角度的画面存在。

② 外景

在外景中,高角度镜头的设计与运用都要符合场景空间关系。在外景拍摄中,场景本身有楼梯、高楼、房子、树、电线杆等制高点,这些高角度的俯拍,就使其成为机位空间调度的客观存在。一旦场景中没有这种空间关系,这样的大俯角拍摄则会破坏场景空间的整体感觉,除非导演将其作为纯主观的特殊风格处理。

镜头角度——电影《毁灭之路》剧照

镜头角度的这种空间性、造型性和选择性,完全来自于场景的三维空间的存在性和规定性。使之和画面结合在一起,产生视觉效应,并推动叙事情节发展。与场景空间相比,镜头角度的设计是第二位的。否则,镜头角度运用超越场景空间,就会对画面空间产生破坏。对于镜头角度的运用,既要对场景的关系有所表达,又要有其自身的视觉特点,还要对人物造型有所帮助。

3. 人物

① 主体形象

人物是画面构图构成的主体。

对单独表现场景及空镜头的画面,其镜头角度完全是从场景和空间出发,但实际上也是从人物出发的,因为要以景写情。对表现人物的画面,镜头角度应该更多从人物设计出发,所以在镜头画面对人物的表达、角度的选择与设计上，完全要根据人物的形体关系、人物动作及位置而定。

镜头角度——电影《如果爱》剧照

电影中对人物的最佳塑造，主要是来自于人物的外在动作、对白和演员的表演，而场景、空间、化妆、道具、服装、镜头角度、光线、色彩等元素，对人物只是一种辅助性揭示和塑造。在众多的相关造型辅助元素中，镜头角度对人物的揭示更多地表现在形象透视、视觉关系上。镜头角度一旦与人物发生联系，构成关系，就成为对人物表达的叙事语言。

② 形体依据

拍摄中，人物的形体关系是制约、决定画面角度的重要依据。

如果表达 A 与 B 的对话场面，A 是坐着说话，B 是站着说话，无论是单人画面构图还是双人画面构图，拍 A 一般都是采用俯拍，而拍 B 一般都采用仰拍。这种 A、B 形体之间的关系，决定了镜头画面角度的处理。只有这样才能体现出形体关系的合理性。

镜头角度——电影《修女也疯狂》剧照

如果拍摄的时候，将 A、B 的角度关系反过来会产生空间的变异性，视觉上会感到不适。所以，在人物形体关系的这种高度不一致的时候，一定要在角度上顺应这种关系。

假如，A 与 B 都是坐着或者站着，处在一个等高关系上的时候，角度处理一般要等同对待。即 A 用什么角度拍，B 就用什么角度拍。这样做是为了达到叙事和视觉上的平等处理。如果在镜头设计和拍摄的时候，对叙事双方的其中一方采用仰拍角度，而对另外一方采用俯拍角度，在等高人物形体关系的双人镜头处理中，就形成了一仰一俯的对应角度关系处理。这种拍摄方式，在视觉和构图上固然有一定的变化，但影响更多的则是角度。仰拍的人物，无论是在镜头和构图上，还是在视觉上，都成为了视觉表现的重点。而俯拍的人物，则自然成为了表现的非重点，这样易引起叙事上的误解和对人物褒贬判断的失误。镜头角度上的倾向性，融入了导演的镜头语言，能对人物形象的刻画和内心情感的表达发挥作用。

镜头角度——电影《修女也疯狂》剧照

③ 强化动作

一旦采取有意识的镜头角度变化，就要在视觉上略微加强这种关系，要在镜头语言风格上让观众意识到在人物形体关系相同的状况下，镜头角度的不同处理所隐含的叙事意义。

镜头角度——电影《圣女贞德》剧照

根据人物动作来设计镜头角度的实质，就是要让镜头角度充分展示和表述人物动作、动作幅度、动作细节、动作关系和动作变化效果。同样是人物行走的动作，无论其是否有别的叙事内容和人物肢体的辅助动作，平视角度（平拍）都不会有太显著的视觉效果和视觉新意，而采用仰拍（低角度）并运用广角镜头，这一行走动作就会被强化，并根据上下镜头关系有可能产生某种暗示，至少在画面视觉上是引人注意的。

场景调度中的人物调度是人物塑造的重要环节。镜头角度的运用则会强化、外化这种动作，以塑造的角度帮助人物再塑造。这一切取决于最终画面视觉的整体效果。

④ 人物位置

人物的位置（形体所处的位置）对镜头调度、镜头画面角度有较大的制约性。在人物塑造及动作设计过程中，人物的形体所处的高低位置对镜头角度设计十分重要。

镜头角度不仅是一个画面形式问题，更关系到对人物形体、动作、位置的准确表达，同时也受这些因素的制约，以电影《杀死比尔》为例。

* 对于人物"杀手 O–Ren"，如果选择双人镜头画面，则只能采用俯拍的方式，这样符合"杀手 O–Ren"和"杀手黑响尾蛇"的位置关系。拍摄的时候，前景要带上二楼的"杀手 O–Ren"。是否需要这

镜头角度——电影《杀死比尔》剧照

种双人画面,要根据整场戏的镜头设计、场景空间、光线情况来决定。

　　* 对于人物新娘,如果选择双人镜头画面,则只能采用仰拍的方式,这样也符合"杀手黑响尾蛇"和"杀手 O-Ren"的位置关系。拍摄的时候,前景要带上地面上的"杀手 O-Ren"。

　　* 单独人物"杀手黑响尾蛇"的画面宜仰拍,这样符合"杀手 O-Ren"的主观视点。俯拍、平拍不是不可以用,而是容易破坏空间关系。

　　* 单独人物"杀手 O-Ren"的画面宜俯拍。这样也符合"杀手黑响尾蛇"的主观视点。平拍、仰拍如果要用,需要根据前后镜头关系而定。

　　剧情:
　　西元 1429,英法战争如火如荼之际,法国偏远地区的一个小村落传开一个令法国人振奋的消息。该村落里一个十几岁的少女琼安对外宣称自己获得上帝的指示,将带领法国人击退来犯的英军,让法国恢复为一个自由的国家。原本流传于乡间的消息逐渐为整个法国所知。法国当时的储君查理,在岳母的鼓动下,接见琼安,并同时将大批军队交由琼安指挥。一时之间法国军队士气为之振奋,接下来由少女琼安所带领的军队战无不克,英军节节败退。储君也如愿加冕成为真正的国王。国王登基后,不再支持琼安,在缺乏援兵的情况下,法军节节败退,琼安落入英军手中,成为众矢之的,所有人将少女指为妖女。不再有人相信她,视她为女巫。

电影《圣女贞德》　导演:吕克贝松
国家:法国　1999 年

第八章 镜头连贯

在拍摄电影的时候,要充分考虑视觉和感觉上的连贯性。维持镜头连贯性的基本原则就是要在保证电影叙事的前提下,运用摄影造型元素,保持所有镜头画面的视觉连贯。镜头画面之间(上下镜头之间)有一种承继关系和延续关系。在电影中表达每一个叙事镜头画面或写意镜头画面的时候,都必须要将它看作是具有连贯性整体的一部分,使观众在观看电影的时候能够从局部到整体,从单一到连贯,感受到它们之间的互相联系。

一、人物位置连贯

1. 动作衔接

人物动作衔接——电影《如果爱》剧照

人物角色的动作,就单一镜头来说没有什么困难的,只要表达清楚就可以了。但是,如果要分别拍摄两个动作或同一动作,在剪辑到一起的时候,这两个动作之间就会有一个协调问题。导演在完成每一个分镜头的同时,要知道这个完成的镜头和上一个镜头的什么动作相连接,还要知道这个完成的镜头将要被下一个镜头中的什么动作所使用,只有这样,才能在拍摄中顾及动作的匹配连贯问题。

2. 动作幅度的连贯

人物动作衔接——电影《如果爱》剧照

同样的一个动作,在两个不同景别的镜头中,会出现不同的幅度关系。在全景中的动作会显得慢一些,而在近景中的动作会显得快一些,这是镜头画面范围对人眼造成的视觉效果。在拍摄的时候,导演要根据要求,调整上下镜头有关的动作幅度,以便达到所有镜头剪辑在一起后,动作具有协调和连贯的视觉效果。

3. 动作点的连贯

动作点的连贯,更多地应该考虑镜头剪辑的问题。任何一种简单的动作大约在一秒钟之内完成。比如扶眼镜、点烟、转头、坐下、挥手等,而这些基本动作往往是剪辑镜头时候的利用点。如果按实际拍摄划分,可以将任何一个动作分为三个部分。

* 动作开始部分
* 动作过程部分
* 动作结束部分

人物动作衔接——电影《跟踪》剧照

那么在实际拍摄中,要从这三部分中找出一个镜头开始和结束的点。针对前一个镜头,只拍第一、二部分,针对后一个镜头也只拍第二、三部分。这样对动作两次拍摄,就形成了中间的交叉部分。剩下的问题就是如何确定剪接点。在电影中常常见到三种剪接方式。

* 对半剪接:即前一个镜头动作的前二分之一和后一个镜头动作的后二分之一剪接在一起。这种剪接方法动作清楚、连贯,便于观众看清两个镜头对同一动作的分解和转换。

* 三分之一剪接:这是一种极为大胆、省略的剪接方式,一个动作只用前一个镜头的前三分之一和后一个镜头的后三分之一,中间的完全省略。这种方法完全是用动作的开始和结束来暗示动作的全部过程。它符合转换镜头分割时空的原理,既有节奏效果,又节省了近三分之一的时间,对电影叙事和节奏控制有利。

* 交叉剪辑:前一个镜头的第一、二部分和后一个镜头得第二、三部分剪接在一起。第二部分的重叠,会使动作不连贯,节奏变缓。

电影《如果爱》 导演:陈可辛
国家:中国香港 2005 年

剧情:

著名导演聂文应投资方的要求,准备拍摄一部讲述爱情故事的歌舞片,伴随着歌舞片的开拍,一个尘封了十年的故事也渐渐浮出水面。十年前的一个大雪之夜,带着明星梦独自来到北京闯荡的女主角孙纳和当时还是电影学院学生的男主角林见东相识,接下来的故事和他们正在拍摄的歌舞片如出一辙,孙纳为了成功,狠心抛弃了真心爱她的林见东,并不择手段费尽心机成为影视红星。这样的故事情节让孙纳和林见东都煎熬在痛苦的回忆之中,很快聂文也察觉到了什么。三个人就这样在命运的安排之下,度过了一段人生如戏,戏如人生的时光。

二、方向衔接

1. 叙事方向

例如电影《闻香识女人》中,两个人在同一辆前进的汽车中,汽车、人物朝向、人物运动的方向是一致的。在拍摄退伍军人史法兰中校的时候,他面朝画右,背景则向相反方向的左边移动;拍摄学生查理的时候,他面朝画左,背景则向相反方向的右边移动。在拍双人画面的时候,机位的方向统一向左或者向右,这样的拍摄可以使运动在方向表现连贯,不会产生错误感觉。

叙事方向——电影《闻香识女人》剧照

2. 视线衔接

视线衔接是在一个故事的空间中,通过在人物之间实现视线对接或者展示人物正在观看的物体,从而维持连贯性。人物视线其实是一条假想线,它是构成人物之间非对话交流的一种基本联系。

视线衔接——电影《人鱼传说》剧照

比如一个人物朝镜头画面外看,接下来的镜头则会表现人物所看到的到底是什么。那么一条想象中的视线就会在他和那个荧幕之外的人物或物体之间被描绘出来。因为上下镜头必须是对应的、互逆的，导演可以通过确定上一个镜头的视线，决定下一个镜头视线，从而判断人物角色双方可以以什么样的形体位置来交流、摄像机的机位调度又如何遵循视线关系进行拍摄。下图是电影《忠奸人》中卧底警探皮斯顿透过酒瓶的反射偷看黑社会头目鲁吉洛的情景。

视线衔接——电影《忠奸人》剧照

3. 逻辑方向

前一个镜头的主体运动方向和叙事情节，确定下一个镜头的主体运动方向。

逻辑方向——电影《职场杀手》剧照

镜头内运动方向是指朝向或者背向镜头的运动。这样的运动只是展示了人物或者物体的正面或者背面。电影中经常看到的基本的镜头内运动方向是当人物直接朝镜头走来，并最终遮挡住镜头，变成漆黑一片。这样的镜头能带来不小的视觉冲击，并且是相当有动感的，因为人物或者物体看上去随着镜头的逐渐靠近变得越来越大。比如一个人直接朝镜头冲过来，这样的镜头经常能给观众带来震撼的感受。

逻辑方向——电影《无间道》剧照

相反的镜头内部运动方向是指当人物从一个方向进入镜头画面,并且从相反的方向离开。这种运动经常被称为左到右或右到左运动。例如一个人离开他的办公室,然后从左边走到右边,走向他家;一辆公交汽车正在沿着每天的路线行驶着,穿梭在城市里。那么在镜头中所呈现的这辆车的运动进程应该是保持同一方向的。如果把镜头切回到这辆车,它却在朝相反的方向运动着,则会让观众感到迷惑,因为这辆车看上去是再驶向它的出发点。

逻辑方向——电影《闻香识女人》剧照

如果要表现两个人物角色在不同的场景中互相交谈,比如在通电话的时候,需要在人物角色之间想象存在着这么一条轴线。所以,当把镜头从一个人物角色切到另一个人物角色的时候,必须保证两个人物角色是面对面的,以产生呼应,即使他们是在不同的被隔开的空间区域里。

逻辑方向——电影《如果爱》剧照

A与B打电话约定时间见面,说好在某一个地方见,A放下电话从画右出画,那么B就要从画左出画,以后的镜头里,A的镜头都是向右活动,B的镜头都是向左活动,以这种关系表现才能见面,方向并不连贯。

4. 出入画关系

出画入画是在分隔场景、分隔动作、暗示时间流程的一种手段。另外,空间狭小,摄像机内无法完成摇、移等运动,也只能用出画入画来完成空间交代。原则是左出右进,右出左进,上出下进,下出上进,但是如果场景和空间更换了,就不必遵循这个原则,可以任意出画入画。

出入画关系——电影《杀死比尔》剧照

剧情：

年轻的学生查理无意间目睹了几个学生准备戏弄校长的过程，校长让他说出恶作剧的主谋，否则将予以处罚。查理带着烦恼来到退伍军人史法兰中校家中做周末兼职。中校曾经是林登·贝恩斯·约翰逊总统的幕僚，在战争中双眼被炸瞎。他失去了生活下去的勇气和信心，准备用尽最后的精力享受一次美好的生活。他带着查理出游、吃佳肴、开飞车、跳探戈、住豪华酒店……然后想就此结束自己的生命。查理竭力阻止了中校的自杀行为，从此他们之间萌生出如父子般的感情，史法兰也找回了生活下去的勇气和力量。影片最后史法兰在学校礼堂激昂演说，挽救了查理的前途，讽刺了学校的伪善。二人在互相鼓舞中得到重生。

电影《闻香识女人》
导演：马丁·布莱斯特
国家：美国 1992年

三、时间衔接

用一部关于足球的电影来打个比方。在真实的生活中，一场足球比赛的长度要持续90分钟。然而，在电影世界中，展示一场比赛却只要几分钟的时间。当让情节一个接着一个发展的时候，可以对过程进行的时间上的压缩或者延长。如果一场戏发展的太快，观众会不能理解内容；相反，如果故事发展得太慢，观众就会变得厌烦。

在电影中创造出连贯性的幻觉，可以让观众意会不到时间和空间已经经过了处理。他们会沉浸在故事的叙述中，即使故事突然跳跃到未来或者回到过去，观众也不会察觉。在姜文导演的电影《阳光灿烂的日子》中，书包被丢向空中，当书包落下的时候，电影的场景转换到了长大。这是相当大胆的时间跳跃，但是却的确发生了效果。

时间衔接——电影《天使艾米莉》剧照

剧情：

法国女孩艾米莉·布兰从来就没有享受过家庭的温暖，她的童年是在孤单与寂寞中度过的。

1997年夏天，一个事件改变了艾米莉的人生。那天的新闻播报戴安娜公主在一场车祸中身亡，艾米莉被新闻震惊手中的瓶盖掉到地上，撞上一块墙砖。艾米莉从里面掏出一只铁盒，装满了小男孩所钟爱的小玩物和许多照片。艾米莉为了寻找曾经的小男孩，她拜访并见识了各种各样的邻居，几乎走访了巴黎城中所有的名叫"波都图"的人，最终在老画家的帮助下将盒子还回了主人……

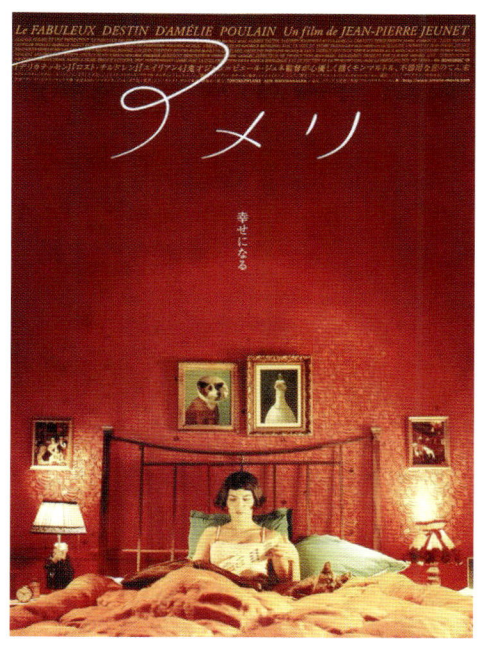

电影《天使艾米莉》
导演：让·皮埃尔·热内　国家：法国 2001年

第九章　布　光

镜头画面中的一切物品都不是偶然的。每个元素都有它存在的理由,并且在叙述一个故事的时候,这些元素都应该被仔细地调度和布置。而这些元素当中,十分重要的一个就是光照。

光线是一种感觉,是镜头画面创作的灵魂。光线对摄像师是极为重要的,对影片拍摄也具有至关重要的意义。光线是电影摄影创作中最重要的六个摄影造型元素和手段之一(光线、运动、构图、色彩、景别、角度)。每一个镜头画面的信息传达都依赖于光线的表述与传达,人们从视觉的生理场转入形象思维的心理场,也无不是从光线上得到领悟。通过调控光照的风格强化视觉化的故事情节的方法已被电影导演非常自如地运用着。

一、三点式打光法

三点式打光法在20世纪30至40年代,那段好莱坞的正统电影主宰的时代成为行业的一个标准做法,这种情况一直延续到今天,对今天的很多影片拍摄工作来说,三段式打光是一个起点。三点式打光法是创造具有表意功能的灯光的最基本要求,它包括主光、补光和背光。

* 主光是在一个镜头中确定主要人物或者物品的关键光源。主光光源通常被安置在摄像机的左边或者右边45度位置。主光照亮了被摄主体,也创造了阴影,让人物和物体的纹理得以展现。直接照射的太阳光在一天的特定时段中也能创造出鲜明的阴影,所以,太阳经常被作一个主要光源来使用。

* 补光通常补充并柔和那些由主光照射所带来的鲜明阴影。补光不是直接照射的光源,它通过降低光亮部分和黑暗部分的对比度,来使阴影部分变得柔和。

* 背光是一种把光源放在被摄人体或者物体背面而进行照射的光。背光突出了被摄主体的轮廓形状,这就让被摄物在背景中突显出来。背光使得诸如头发、衣服这些本来可能没入背景中的物体得到了体现。

二、高光照和低光照

在电影拍摄中,一个物体的外观通常是被主光所确定的,主光也通常被认为是最主要的光源。在户外,太阳和月亮都被认为是主光源。在明亮的白天,太阳创造出鲜明的阴影,而在一个雾气蒙蒙的白天,云使日光散射,这样就减弱了阴影,使光线变得柔和。

在室内,主光源则包括从窗口射入的光亮,或者头顶的灯光。

主光类型分高光照和低光照。

高光照是最主要的光源，它给予画面完整的光照，以至于把阴影部分减少到最低。这种光照被用于模拟白天光照。一个被设计成高光照的画面经常能够在电视情景剧、新闻节目和广告片中看到。

高光照

　　低光照的光分布状态是不均匀的。在一个低光照的拍摄状态中，阴影部分大量地存在着，而运用空气透视法照明，阴影则集中在一些特定的部分。低光照的光照是不充足的，画面中很多黑暗的区域被展现。低光照更多地被用在那些带有悲剧色彩的影片中，比如惊悚片、杀人悬疑片等。

低光照

剧情：
　　一个事业走到低潮的资深警探，一个要把证人灭口的黑帮大佬，前者的任务就是要保护证人的女儿。警探想提早退休，而武术家一心要取代他成为重案组掌舵人。重案组有一个卧底被发现已死去三天，警探认定是黑帮大佬所为，派人拘捕他。可是由于无证据，黑帮大佬知道警方会放走他。为了设法令黑帮大佬入罪，警探决定制造假证据。整个重案组都知悉这件事，除了武术家一人不了解内情……

电影《杀破狼》　导演：叶伟信
国家：中国香港 2005年

三、对比度

　　总的来说，对比度是指画面中最亮部分和最暗部分之间的差异度。通过在构图中利用对比度，可以让观众的注意力集中到一些特定的区域。
　　高对比度光照的设计强化了光亮处和阴暗处这两极的差异。这种风格的光照通过让画面的一部分衬托另一部分的办法，创造出一种非常有趣和具有戏剧性的画面效果。在惊悚片、恐怖片和悬疑片中经常能看到高对比度的光照。在电影《猎人的夜晚》中,导演查尔斯·劳顿就用一些高亮和阴影鲜明对比的视觉元素创造出一种高对比度的效果。还有电影《沉睡的山谷》、《少数派报告》和《X战警》中,都达到了一种鲜明的、高对比度的画面效果。

高对比度光照

低对比度状态的画面,没有完整的白色和黑色,只有一系列的灰色。在这样的画面中,观众只能把整个画面当作一个整体,而无法被吸引去关注它的某一部分。有的时候,低对比度的光照被认为是令人厌烦的,因为这样的画面通常显得平淡无奇。

低对比度光照——电影《大逃杀》剧照

剧情:

在经济萧条时期,一部新的法律 BR 法案出台。所谓 BR 法案,就是为了解消公民对学校的崩溃、对卑劣少年的恶性犯罪引起的愤恨,而从全国的初中三年级中,每年随机地选出一个班级,并把学生们送往受行动范围限制的、荒无人烟的地方训练。发给每个学生地图、粮食、各种各样的武器,让他们自相残杀,直到只留下最后一个为止。时间限度为三天。学生们必须佩戴违反规定即自行爆炸的特殊项圈。在此期间的学生杀人、致人伤害、持带枪械等违法行为都不受法律限制……

电影《大逃杀》 导演:深作欣二
编剧:深作健太、高见广春
国家:日本 2000 年

四、光照方向

光照的光源可能是从各个不同的方向而来的,包括侧面、正面、背面、下面和上面。光源的方向改变了光亮的形式和阴影部分的形状,从而影响了一场戏的基调。光照的方向是非常重要的,因为它的投射产生了阴影,而阴影能强化一些信息,如纹理和细节。

1. 正面光

正面光照会让画面变得平淡,因为前景和背景中的各个元素基本没有得到突出和强调。在正面光照状态下,阴影部分和纹理感被减小到最低,这就比较容易使得画面变得枯燥无味。正面的光照在展示一个场景中的颜色关系时,非常适用。

正面光——电影《魔戒》剧照

2. 侧面光照

如果物体的一个侧面处于强烈的光照中,而另一侧则处于阴影之中,这样就在画面中产生了强烈的对比度。侧面光照可以产生三维效果,因为物体的一个侧面被阴影所占据。侧面光照经常通过把主角的一个侧面放置于阴影之中,而另一半则处于光照之下来传达主角在挣扎中的感受。侧面光照也能带出物体的纹理和细节,比如说树叶、充满皱纹的脸。

侧面光照——电影《魔戒》剧照

3. 背面光照

当光源位于一个物体或者人物的背后向前照射时,被称为背面光照。通过把主体从背景中突出来,背光经常能创造出一种纵深的感觉。最具有戏剧效果的背景光照形式之一是剪影。这种剪影效果展示的物体没有颜色也没有纹理,能看到的只是物体的轮廓。这种镜头能创造出一种传达情绪的神秘质感。

背面光照——电影《杀死比尔》

4. 下方灯光

下方灯光是从人物或者物体的下方向上照射的光,它能营造出一种怪异的阴影。这种类型的光照只把人物脸的下半部分照亮了,而上半部分还是处于阴影之中,这让人物看上去显得邪恶而且恐怖。恐怖和惊悚电影中经常可以看到下方灯光的使用。

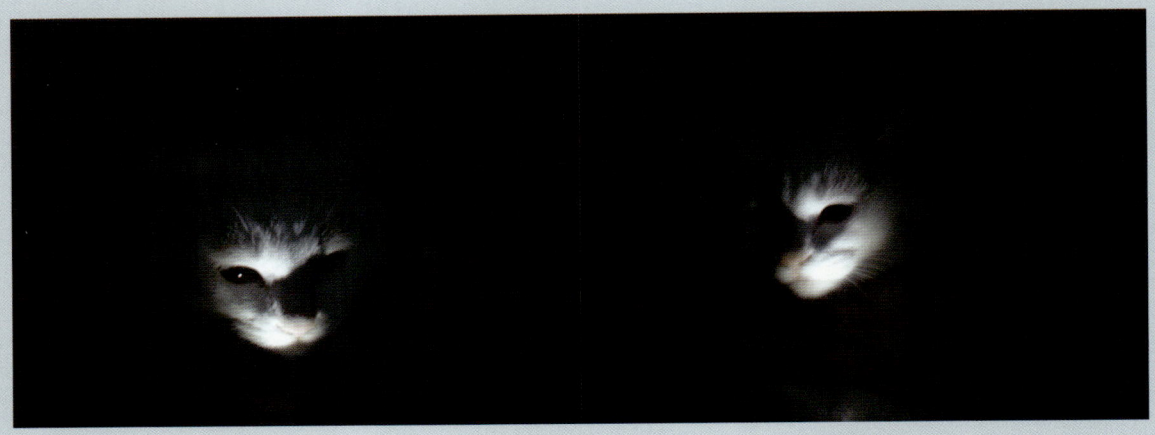

下方灯光

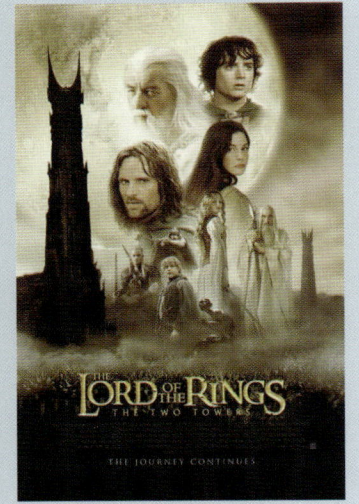

电影《魔戒》 导演:彼得·杰克森
国家:美国 2001 年

剧情:

史前世界中,一位名叫弗拉多·巴金斯的年轻人无意中得到了一枚魔戒。这只戒指拥有无穷的神秘力量,戒指原来是黑暗君王索隆所有的,却意外地到了弗拉多手里。弗拉多决定将戒指摧毁,以免索隆夺回去巩固自己的势力。索隆为了阻止弗拉多,于是派出了手下奥克斯加以追杀,一场正邪大战一触即发……

五、现实感光与戏剧感光

戏剧感光可以在电影早期的德国表现主义中找到根源。诸如电影《卡利加里博士的密室》、《大都会》、《吸血僵尸惊情四百年》都集中体现了这一点,它们都大量地使用了光和影的强烈对比来暗示电影中角色性格的阴暗面、超自然感以及世界的疯狂。

戏剧感光同现实感光相对,是一种具有造型手段的光照,这种光照让想象中的画面变得更加具有戏剧感。造型光照经常被用于加强人物的情绪表现。

戏剧感光——电影《杀破狼》剧照

在进行灯光设计的时候,大多数的影视作品都试图让自己的镜头画面具有真实感。具有现实感的设计暗示观众,光线的设计是自然发生的,以达到让观众看不见设计痕迹的效果。电影和电视使用现实感光可以让人物看上去显得更自然,蜡烛、灯和炉火就经常被用于增强画面的现实感。

在电影《浓情巧克力》中,很多场景都依靠蜡烛和从窗外射进来的光线来进行照明,这种照明给予了电影一个柔和的基调。由于用了这种具有现实感的方法来进行光照,人物经常看上去会有一个温暖而且带点金色的外表,显得非常美好,即使是在进行那些残暴的事情。

现实感光——电影《浓情巧克力》剧照

电影《浓情巧克力》 导演:莱塞·霍尔斯道姆
国家:美国 2000 年

剧情:

1959 年,神秘的异乡客薇安娜与她的女儿阿诺克来到了冰雪纷飞的兰斯昆尼特。薇安在教堂对面开了一家可爱的巧克力店,而她所制作的巧克力正和她自由热切又敏感的个性一样,令人难以抗拒。她仿佛有着神奇的魔力,可以洞悉小镇里每个顾客的心意,做出最能满足他们需求的巧克力甜食,让他们内心隐密的渴望得到满足,甚至让他们原本淡而无味的生活起了变化。

六、光线的区域性和人物运动的体现性

在电影拍摄中,光线处理要充分体现镜头画面的空间性和透视性。出色的、具有气氛的光效,一般都与画面中的人物息息相关。人物不到位,所谓的主光、副光、轮廓光不会显现出来。在拍摄中,既考虑环境光线,又考虑人物光线,其实是很难的事。要根据叙事重点而有所侧重,主要靠现场的驾驭能力。电影拍摄中光线照明有两大特点:

光线的区域性和变化性——电影《美国美人》剧照

电影《美国美人》
导演:萨姆·门德斯 国家:美国 1999 年

* 变化性:画面中的光线、光效是可变的、多变的。

* 区域性:画面中的光线、光效是分区域的,不同的区域会有不同的处理并呈现不同的状态。

剧情:

莱斯特已近中年,工作并不如意,而此时妻子却和他争吵着房子和车子的价钱,使得他更不顺畅。在一次观看女儿表演的过程中,女儿的一个同学竟让莱斯特浮想联翩,之后改变了自己的生活方式,首先他把原来的老板炒了,并在辞职书上狠狠地骂了老板一通。而后,莱斯特在街头找了自己认为很快乐的工作,再后来他自慰、吸毒、偷偷地约会女儿的同学,干了很多常人无法理解的事情。最后他死在了老邻居的枪下。

七、光线风格

人工照明与自然光线处理的人物风格相比较,前者因人而不尽相同,后者在形态上不外乎有三种主要表现方式,但在使用的总趋势上不会有所不同。导演可以按列出的光线处理方式来思考自己对影片制作中的光线处理要求,与灯光师详细沟通后,在制作中实施。

第九章 布光

1. 逆光法（剪影）处理

画面强调背景关系的明亮，强化主体的轮廓，淡化主体的色彩关系、影调关系和质感关系。

逆光法——电影《无极》剧照

2. 散光法（柔和）处理

强调色彩的还原和细部层次的显现，反差柔和而适中，影调多为丰富，不强化主体的立体形象和形态。

散光法——电影《无极》剧照

3. 侧光法对比处理

强调主体的第三空间纵深效果。保持、强化每一亮面暗面的平稳过渡和区分，影调丰富而有一定的变化。

测光法对比——电影《无极》剧照

剧情：

倾城受到命运女神的特殊眷顾，让她从一个穷孩子成为世上最美的王妃，身披万千宠爱，享尽荣华富贵，但有一个条件，要被命运诅咒，永远得不到真爱，除非时光倒流，人死复生。然而有一个身份卑微的奴隶爱上了她，以自己的生命为代价，用他接近光速的奔跑，打破了加在她身上的命运锁链，让她返回人生的起点，获得重新选择的权利。而得到真爱的过程亦不是那么一帆风顺，倾城王妃还要在北公爵无欢、大

电影《无极》 导演：陈凯歌 国家：中国 2005 年

将军光明、和奴隶昆仑之间进行一场惊天动地的爱情角力。

八、人物光影造型

光线对电影中人物形象塑造的作用表现在情节、叙事上，并且在形象结构整体表现上对人物有帮助。

在设计影片、场景、台词、动作、细节的同时要设计人物光线。摄像师、照明师应该做的是：为影片人物设计一种主要造型光效。只要这个人物一出现，就被这种特定光效所笼罩，光线就成了这个人物的外在形象符号之一。

其实，大部分影片在创作上就是这样处理的，而且这也形成了一种造型定式。影片《现代启示录》中的维拉上尉，人物主体光大都是平光处理，显现出他对战争的不解和困惑，对执行到丛林中寻找失踪的库茨上尉这一特殊任务的茫然与无助。而在丛林中，出现了土著中"生存"下来的库茨上尉，几场戏的人物主要造型光都是侧逆光，其暗部层次几乎就不存在，用黑暗来表现。这种人物形象、形体关系呈现出虚幻但不十分醒目的光感，对人物刻画恰当而有新意。

电影在叙事构成中，对于人物形象塑造中的对白、形体、动作、服装、化装、光线都可以形成独特的镜头语言，但光线更具有视觉外在性。

电影视觉语言中，人物主要造型光的处理成为一种必然，它不但为风格创造一种形象言语，更为人物自身创造另一种言语。这两种不同的语言既塑造了人物性格，又完成了叙事。

人物的动与不动是其在画面中存在的两种基本形式，伴随而来的光线效果则是变而不变。当人物没有动作，位移的时候，应该保持光线整体与细节的统一，例如人物主光方向、角度、强度、人物光比，否则在上下剪接镜头的时候会使观众产生视觉错觉，无法在视觉上产生连贯。

当人物有动作位移的时候，无论何种形式，应该尽可能让光线在人物身上、脸上呈现出变化和不同的形态。如果主光方向、角度、强度、明暗面得变化、反差、光比等应有形的变化，成才一种光影流动。这种光线的变化，是构成画面可看性和形式感的根本所在。

人物光影造型——电影《大红灯笼高高挂》剧照

电影《大红灯笼高高挂》中的人物形象，除了用全景景别和人物形体来诠释人物性格外，在光线上也与影片其他人物形成强烈对比。明暗大反差的运用和剪影、半剪影的人物光处理，强调了人物的造型特点。在视觉上也给观众留下了十分鲜明的印象。

九、整体布光设计

光线作为一种极为重要的造型元素和手段，在创作初始必须有一个完整的整体设计。就像美术师对人物、场景、服装、色彩关系有一个明确定位一样，对全片光线（主要是人工光照明）也应有一个清晰的脉络设定。

整体布光——电影《迷失东京》剧照

这是一项较大的影像美学工程,会涉及到影片以什么整体光效为主、以什么光为主、人物光以什么光为主、不同场景不同人物的光线怎样变化、反差光比怎样控制、点光源的取舍、光的角度、投影的利用、光线的色温控制、整体影调主导关系、光线控制方法、光线的美感作用。由于人工照明的处理在物质上的丰富性(灯光种类多、功能齐、灵活)决定了在操作上的复杂性,当然最终带来了画面光线效果的主观性、可看性。

第十章 色彩

色彩在一部电影的视觉风格中扮演着重要的角色。色彩经常能创造出时空感,营造气氛,并且产生一些情绪化的效果。比如明亮的颜色能为画面增加能量感和戏剧感,而淡色系所传递出的感觉则是和谐而稳定。

颜色的含义

黑色:权威、力量、邪恶、悲观
红色:乐观、性感、危险、侵略性、能量、兴奋、热情、火焰、爱、动感
绿色:嫉妒、肥沃、成长、金钱、好运、慰藉、成功
粉色:稳定、爱情、调情、柔软、精致、甜美
黄色:喜悦、高兴、乐观、幸福、能量
橘色:高兴、创新、能量、激励、成功
紫色:忠诚、力量、高贵、奢侈、精神、智慧、神秘、富有
蓝色:平静、真相、和平、和谐、自信、智慧、忠诚、慰藉、水、稳定
白色:无知、纯洁、洁净
灰色:中性、合作、品质、现实
棕色:稳定、忍耐、简单、友谊

导演会在他们的电影中,以颜色作为一种视觉的或者象征意义上的主题。比如电影《弗洛达》中,当卡罗试图隐藏什么的时候,导演茉莉泰勒使用了一些很大胆的颜色来代表只是一段特殊的时期,而同画面形成强烈反差的是其中浓重的阴影。

色彩——电影《弗洛达》剧照

在电影《远离天堂》中,导演托德海恩斯用了一个明快的基调作为影片的开场,在电影的前半部分,影片的主角凯西,一个20世纪50年代的家庭主妇,始终沉浸在这样鲜嫩而色彩丰富的色调中。电影中间部分当凯西的世界分崩离析的时候,影片的色彩好像也变得干涸了,无论是她

色彩——电影《远离天堂》剧照

的色彩还是她所处环境的颜色。

在电影《疾走罗拉》冥界的表现中，罗拉和曼尼二人赤身裸体，这是两人出生的样子。单纯的红光象征着子宫里的羊水。阴阳的补光：红色的光从左右两个方向射入（硬光），使二人的脸部布光阴阳分明。

色彩——电影《疾走罗拉》剧照

色彩的基本原理

为了在作品中诠释意义，首先需要理解的是色彩的基本原理。这就需要先从色彩轮的基本原理开始理解，色彩轮是由12种颜色组成的。

所有的颜色都由三种原色调和而来：红色、黄色和蓝色。第二个层次的颜色：橘色、紫色和绿色，它们介于原色之间，被认为是任意两种原色混合的产物。比如黄色同红色的混合就等于橘色，而黄色同蓝色混合就产生了绿色。此外，还有六种中级的颜色，被称为第三级颜色，它们是原色和第二级色的混合产物。

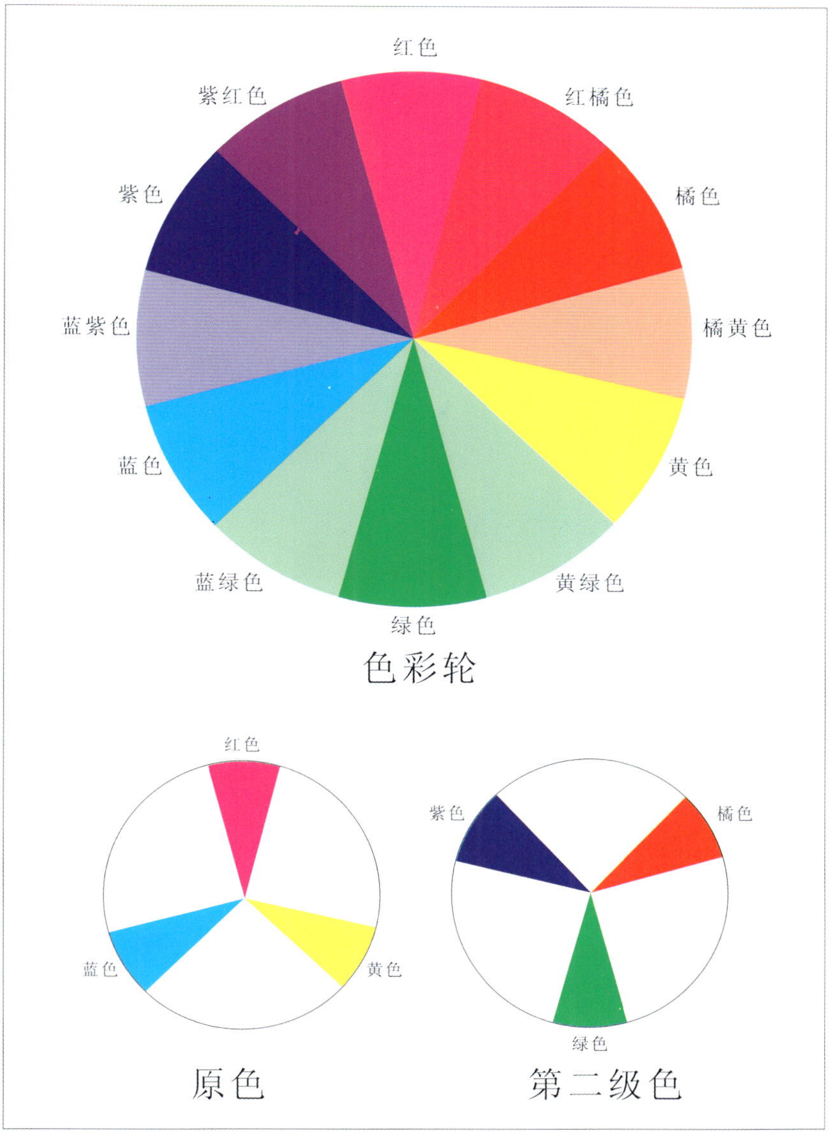

那些在色彩轮中相对立的颜色能互相很好地搭配，比如红色和绿色、紫色和黄色、蓝色和橘色。这些颜色是互补的，因为它们之间存在最强烈的反差，这让它们的搭配变得很大胆并具有戏剧性。

可以把颜色想象成暖调或者冷调。暖色包括红色、橘色和黄色。这些颜色被认为是温暖的，因为它们能使人想起一些热腾腾的东西，比如火或者太阳。暖色调的颜色经常能制造出一些兴奋、亲密和幸福的感觉。冷色调的颜色则包括了蓝色、绿色和紫色，它们经常暗示着寒冷或者僵硬。暖色调的颜色总是比冷色调的颜色更容易引起注意，冷色调往往会没入背景当中。

电影《弗里达》 导演：朱丽·泰莫
国家：美国 2002年

剧情：
影片讲述了已故墨西哥女画家弗里达·卡罗传奇般的一生。弗里达从小生活在墨西哥城，七岁的时候她患了小儿麻痹症。十八岁那年，她又遭遇了一场车祸，这导致了她终生不孕，且此后无法再摆脱后遗症的缠绕。但亦是在那漫长的康复期里她培养起了对绘画的兴趣，并逐渐展露出惊人的天赋。或许也是这起车祸注定了她的一生不再平凡。

她与丈夫兼导师里维拉激情四溢、爱怨缠绵的关系，她与托洛斯基富有争议性的交往，她浪荡的女同志经历，她吸毒、酗酒的放纵生活，她传奇式的艺术生涯，弗里达的一生在政治、爱情、性、艺术的漩涡中度过。

电影《远离天堂》 导演：托德·海因斯
编剧：托德·海因斯 国家：美国 2002年

剧情：
1957年的秋天，美国康涅狄格州的一个小镇上，凯茜与弗兰克一家过着堪称完美的标准中产生活，恪守着家庭礼仪、社交繁节，还有两个不到十岁的孩子。但平静生活的外表下，却潜藏着未知的不安因子。有一天，凯茜惊讶地发现丈夫竟然和另一个男人发生了关系，震惊之余她那安稳的世界也完全失控。凯茜一直在种族问题上持开放态度，在与风度翩翩、教养良好的黑人园丁雷蒙德交谈中，她得到了安慰和鼓舞。然而这种柏拉图式的友谊很快便招来了流言蜚语。同时她与好友及女仆之间的交往也发生了一系列变化。风雨飘摇中，凯茜与弗兰克艰难地试图重建原有的天堂般的生活……

第十一章 音 响

在画外音和对白被广为运用的同时，很少有人能够同样地把音响作为一种必要工具。然而音响和视觉符号一样具有广阔的天地。跟创造延伸的视觉隐喻一样，音响也可以暗示延伸的听觉隐喻。音响可以给影片增加其他方法难以实现的多层次含义。

音响可以很突出或是很细微，能够有意或不自觉地吸引观众的注意力，可以发挥暴露、伪装、暗示、设置、揭露的意义。音响还可以标志特定事件或特定人物。

场景中能够被观众听到的音响声音一般叫做剧情声音。为了达到效果，这些声音可以是真实的，也可以是经过处理的。为了达到某种戏剧目的，也可以使用外来的音响，即逻辑上场景中听不到的声音。这些外来的音响声音，不属于故事世界，被称为非剧情声音。

* 音响可以用作重要的"道具"或情节点；
* 声音和画面不一定要完全匹配；
* 现实声音可以处理成表现性声音；
* 音响可以用来表达人物的内心思想；
* 音响可以被用作人物标志，或让观众回忆起某个事件；
* 音响可以完全来自场景之外；
* 两个音响效果声可以像画面的匹配剪辑一样，放在一起产生全新的第三种感觉。

一、现实音响

这是置身于场景中，自然而然能听到的所有音响效果声。现实声音的声源可以是画内的，也可以是画外的。给场景加上最常见的音响效果声，诸如汽车喇叭声、节拍声、嗡嗡的蚊子声，可以大大改变观众对场景的感觉。

现实音响——电影《七宗罪》（节拍声）

现实声音,亦即剧情声音,是指影片的声音世界中合乎逻辑存在的声音。在电影《克卢特》中,剧情声音被灵活地用来揭露人物。电影第三幕中,前应召女郎布丽·丹尼尔斯坐在反面主角的对面。反面主角强迫布丽·丹尼尔斯听他带来的录音带。随着录音带的播放,布丽·丹尼尔斯意识到所听的正是她朋友的凶杀案。布丽·丹尼尔斯朝这个男人看过去,发现他根本不为录音中女人的尖叫声所动。在这个时刻,布丽·丹尼尔斯意识到这个录音正是凶手作案的前奏,而她就是下一个受害者。

二、表现性音响

在分类法中,表现性音响是指虽然是现实的,但经过变化处理的声音。比方说电影《疾走罗拉》中,电话铃声开始时很正常,随后突然变得越来越响。声音来自场景,但为了达到特定效果而经过处理。

表现性音响——电影《疾走罗拉》

三、超现实音响

音响经常被用来帮助外化人物的内心思想、噩梦、幻觉、梦境或者愿望。例如,当一个女人捡起童年时代的玩具娃娃时,可以使用孩子的笑声,会给场景带来一种超现实感。这种效果一般称为剧情嵌套。

超现实声音是指任何表现人物内心世界的声音,例如噩梦、梦境、幻觉、愿望等。

声音不需要植根于现实,而是可以从任何地方信手拈来,以表达人物的内心思想。电影《圣女贞

超现实音响——电影《圣女贞德》剧照

德》的音响使用强调了声音跟画面不一定要完全匹配的思想。实际上,正是声音跟画面的不匹配暗示观众聆听贞德的内心想法,从而提升了这个场景的趣味。

四、外部音响

外部音响是明显不属于场景里的音响效果声。这种音响效果声是故事世界中的人物听不见也不会对之作出反应的声音。例如,假设一个人物正朝死亡线迈出最后一步,观众渐渐听到一声教堂的钟声,而我们知道周围数里地都没有教堂,那么这个声音是来自故事世界之外的。外部音响的目的在于告诉观众场景的含义。这类效果声即非剧情声音。

虽然在多数电影中,声音剪辑师负责处理这些音响效果,但是导演通常会提出听觉隐喻或声音基调方面的建议。这些音响效果声应该节制地使用。导演可以在这方面加上自己的想法或者进行变动,正如他们可能会对剧本的任何部分进行修改一样。经过精心设计,音响也可以像电影中的语言和画面一样,成为有力的叙事工具。

现实声音,可以用来给人物编码、给场景增加悬念,或者影响观众的潜意识。不同的声音长期以来被用来激发不同的情绪反应。一般来说,敲打木头的声音是正面的,而金属撞击金属的声音是负面的。

在电影《外星人》中,导演利用对金属性声音的固有偏见来塑造反面主角"钥匙男人们"。影片第一幕的开场,一伙人坐在给人一种威胁感的卡车上企图抓捕ET,这时镜头只给到腰部以下没有出现这伙人的脸孔,。他们的腰带上挂着大钥匙,在他们冲出来追踪ET时,钥匙会发出刺耳的金属声,钥匙的声音立时成为反面角色的标记声音。通过给反面角色做声音标记,不管他们是否出现在银幕中,观众都能够判断出他们与受害者的距离,他们是在靠拢还是退却。这迫使观众参与到情节中,模仿受害者的动作,仔细地倾听声音提示,以确定反面角色和主角之间的距离有多远。通过这种方式,声音不但可以加强悬念,还可以提升观众的参与度。

在电影《忠奸人》中,左撇子明知皮斯顿被证实是FBI卧底探员后自己难逃一死,却仍装作若无其事离家,导演并没有显示左撇子被枪杀的画面,而是在他离家后用一声枪声作为结束。

外部音响——电影《忠奸人》剧照

剧情：

　　天主教中有七种罪：饕餮、贪婪、懒惰、嫉妒、骄傲、愤怒、淫欲。

　　在一场离奇的连环杀人案，受害者分别死于这七宗罪之一。经验十足的警探沙摩塞经过不懈的努力，终于将这些看似没有联系的命案理出头绪，五桩命案过后，凶手奇迹般地自首了，此时凶手的"七宗罪"还差两宗，凶手宣称自己的"伟大杰作"仍会完成……

国家：美国 1996 年
主演：布拉德·皮特、摩根·弗里曼
编剧：安德鲁·凯文·沃克
电影《七宗罪》 导演：大卫·芬奇

剧情：

　　为对付黑社会，联邦调查局派探员皮斯顿打入黑帮鲁吉罗家族卧底。皮斯顿为此告别了他的妻子和三个女儿。为取得信任，他不得不无恶不做，并参与了一系列的犯罪活动。随着相处时间的延长，皮斯顿与鲁吉罗家族的长者左撇子形影不离，亲如一家，竟慢慢对其产生敬佩之情，在他彷徨的这段时间里，他没有向上级及时汇报情况，此时，左撇子的帮派正欲和他谋划一个重要计划。怎料，调查局早以另派专人进行监视，这使左撇子一伙计划败露，形势忽然发生了急转直下的变化……

国家：美国 1997 年
主演：约翰尼·德普、阿尔·帕西诺
电影《忠奸人》 导演：迈克·内威尔

第三部分
后期剪辑

第十二章 剪 辑

一、普多夫金的五个剪辑技巧

1. 对比

对比剪辑是最有效的剪辑方法之一,也是最普通、最标准的方法之一。

对比剪辑建立在一个简单的对比关系基础上。比如电影是讲述一个忍饥挨饿者的悲惨处境,如果把一个富人的暴食与之连接起来,这个故事会变得更加生动。

在银幕上,对比的影响可以更强,因为不但可以把忍饥挨饿段落和暴饮暴食段落连接起来,而且还可以把单独的场景甚至场景中单独的镜头与其他场景或镜头连接起来,这样,就等于始终强迫观众对两个情节进行比较,使得两者相互强化。

对比——电影《黑暗中的舞者》剧照

在电影《黑暗中的舞者》铁轨边的想象一幕中,塞尔玛在想象中与身边心仪的男人共舞同歌,这时,火车缓缓从原野上开过,车上穿着乡村衣服的众男女也在翩翩起舞和歌唱,每个人都倾情投入,脸上洋溢着幸福和生命的光彩,塞尔玛的歌可以直穿云霄,甚至可以照亮世界的尽头,而歌声落地,涌起的却是无穷的黑暗和悲哀。这就是对比想象的明亮和现实的滞重所爆发出的感伤。

2. 平行

平行跟对比有些类似,但是更加广泛。例如:一个工人被判处死刑,执行时间定在早上 5 点整。这个段落可以这么剪:工厂主,被判死刑工人的老板,醉醺醺地离开了饭店,他看了看手表:4 点钟;然后是被判死刑的工人即将被带出;工厂主打开家门,墙上挂钟的时间:4 点 30 分;囚车在重兵押解下沿着街道前行;酩酊大醉的工厂主在床上打盹,他腿上的裤脚翻了过来,手垂下来,腕上手表的表针慢慢地指向 5 点;工人被执行绞刑。

两个主题不相干的事件通过指示死刑迫近的手表平行发展。冷酷厂主腕上的手表将一直出现在观众的意识当中，因为是它将工厂主与即将遭遇悲惨命运的主角联系在一起。

在电影《圣女贞德》中，兰斯城被贞德领导大军攻占下来的消息传出，法国查理七世和勃艮第的菲利普公爵分别获知这个消息，也属于平行剪辑。

平行——电影《圣女贞德》剧照

3. 象征

在电影《东邪西毒》的场景里，慕容嫣用剑砍伤了黄药师，风流倜傥的黄药师没想到自己也会阴沟里翻船，就像那只猫一样从柱子上掉下来。这种剪辑方法尤其有意思，因为通过剪辑，在不使用字幕的情况下，给观众的意识中输入了抽象的概念。

象征——电影《东邪西毒》剧照

4. 交叉

在电影中，最后段落常由同时发生并快速发展的两个情节构成，比如电影《跟踪》中，"狗仔队"队长黄文展带领着新人何家宝跟踪珠宝劫案疑犯陈重山。

交叉——电影《跟踪》剧照

5. 主题

这种剪辑方法在编剧想要强调情节的基本主题时特别有用。重复的方法可以实现这个目的。

主题——电影《泰坦尼克号》剧照

剧情：

塞尔玛是一位捷克移民、也是一位在美国一个乡村工厂工作的单身母亲。她的精神支柱是对音乐的激情，特别是对充满着歌唱、舞蹈的好莱坞音乐喜剧感兴趣。但塞尔玛有一个令她心痛的秘密：她的视力正慢慢地衰退，而且她发现她的儿子因遗传的原因而有同样的疾病。如果她不能挣到足够的钱支付动手术的费用，她的儿子也难以逃脱变瞎的命运。但是，在邻居错误地控告她偷窃了其积蓄后的绝望中，有关她命运的一场戏也逐渐走到了复杂的结局……

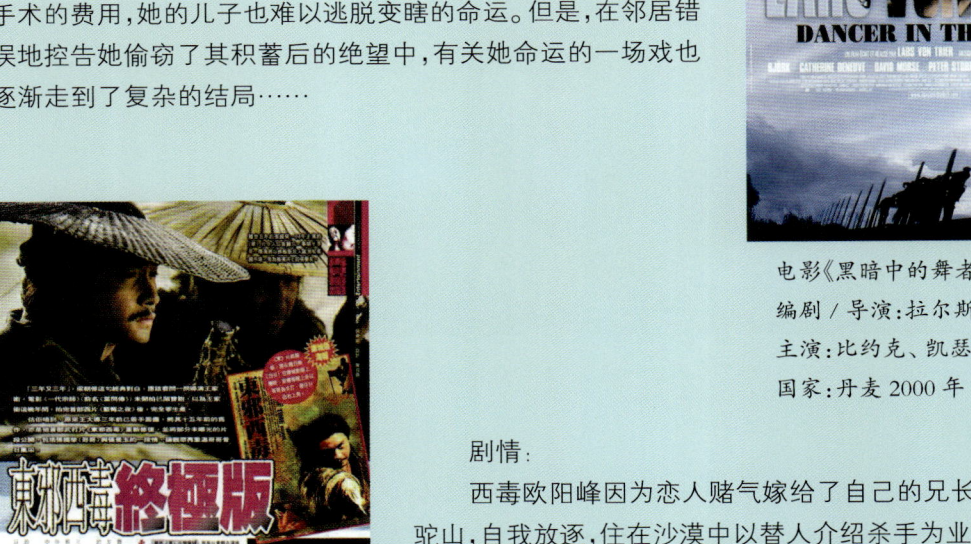

电影《黑暗中的舞者》
编剧/导演：拉尔斯·冯·特里厄
主演：比约克、凯瑟琳·德诺芙
国家：丹麦 2000 年

电影《东邪西毒》 编剧/导演：王家卫
主演：张国荣、梁家辉、林青霞、梁朝伟、
刘嘉玲、张曼玉、杨采妮、张学友
国家：中国香港 1994 年

剧情：

西毒欧阳锋因为恋人赌气嫁给了自己的兄长，黯然离开白驼山，自我放逐，住在沙漠中以替人介绍杀手为业。每年桃花盛开的时节，他的好友黄药师都会来看望他；慕容嫣爱上了黄药师，找欧阳锋请他杀掉自己的哥哥慕容燕，因为他阻止自己与黄相爱。慕容燕也找到欧阳锋，请他杀黄药师，因为他抢了自己最爱的妹妹；夕阳武士为了筹措盘缠回故乡看桃花而出战马贼，终于战死；倔强的孤女只有一篓鸡蛋和一头驴，固执地在旅店等待愿意肯替他被刀客杀死的弟弟报仇的人。不穿鞋的快刀洪七出现了，他帮助孤女把太尉府的刀客都杀死了，但被砍掉了一根手指,最后洪七带着他的妻子向北方而去,离开了沙漠;欧阳锋在恋人死后两年知道了她的死讯,伤心之余他烧毁了在沙漠中的茅屋,离开了沙漠……

二、蒙太奇

通过时间或空间上分离的快切,组合成一个更大的思想,就形成了蒙太奇。蒙太奇常用来表现时间的流逝、时代的到来,或是情绪的转变。

"蒙太奇",在法语里原是"装配"的意思,在电影里用来表示通过"镜头的装配"进行场面的创造。现在,蒙太奇指一种具体的叙事结构——通常是没有对白的一系列镜头。

在电影《无间道》中有一些绝妙的蒙太奇,被用来描写三合会会员刘建明听从大哥韩琛的指示进入警校学习,想得到机会来做警方的卧底。而同时警校中的另一名学生陈永仁,受警方安排,表面上将其强迫退学,实际上则是让他进入三合会。两处蒙太奇都发生在单个场景中,结构几乎相同,都表现了两人在做同一件事。

蒙太奇——电影《无间道》剧照

在电影《美国往事》中,老年的面条透过墙上的缺口回忆起过去,同样也是经典的蒙太奇表现手法。

蒙太奇——电影《美国往事》

剧情：

1991年18岁的三合会会员刘建明听从大哥韩琛的指示进入警校学习，想得到机会来做警方的卧底。而同时警校中的另一名学生陈永仁，受警方安排，表面上将其强迫退学，实际上则是让他进入三合会当卧底。刘建明从警校毕业后顺利的进入警局，并且职位步步高升，已成为刑事情报科A队的一员，在此期间，他利用各种机会为韩琛提供了大量的情报。而陈永仁这些年以来也已经得到了韩琛的初步信任，但由于韩琛的案件始终没有破，他永远只能呆在黑帮，只有黄警督与他单线联系。2002年的一个晚上，根据陈永仁卧底情报，获知一批毒品即将交易，而交易的一方为韩琛，但由于当时刘建明及时将消息传给了韩琛，使其成功逃脱，不过因此双方发现各自的内部皆有"内鬼"，于是一场激烈的角斗由此展开……

电影《无间道》 导演：刘伟强、麦兆辉
编剧：庄文强、麦兆辉
主演：刘德华、梁朝伟、黄秋生、曾志伟
国家：中国香港 2002年

三、组合剪辑

导演希区柯克正是用组合剪辑这一方式表现了《惊魂记》中的淋浴场景。在这个电影中，通过对

组合剪辑——电影《惊魂记》剧照

独立片段的组合进行了场景的创新性建构。由此而来的场景成为了一种产出更大意义的镜头组合。

在电影《惊魂记》中，希区柯克通过剪辑处理有意地区别了影片中的两次谋杀。

淋浴场景：在淋浴场景中，45秒内78次的快速连续切换之中，希区柯克从浴帘切到洗澡间，创造出一个凶手的主观视角，夸张地运用切换的目的就在于表现对受害者的切割，这是在不打断上升悬念情况下的高度风格化剪辑。

内景：玛丽在淋浴

从挂着浴帘的横杆上方看过去，浴室的门没有完全关上。玛丽在洗澡，用肥皂擦洗身体。

她眼里还有一丝焦虑，但是大体上已经放松了。

浴室的门被慢慢推开。

淋浴的声音湮没了其他所有声音。然后门被慢慢地、小心翼翼地关上，接着女人的阴影投射到浴帘上。玛丽背朝着浴帘。白色的、亮晃晃的浴室让人有点眩目。突然间手伸过来，抓住浴帘，将其扯到一边。

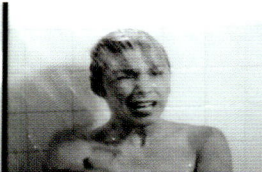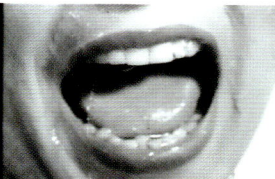

组合剪辑——电影《惊魂记》剧照

切到：玛丽——大特写

感到浴帘被扯开的动静和声音，她转了过来。惊骇的表情顿时出现在她脸上。她的喉咙里发出一声低低的、惊恐的声音。一只手进入镜头。这只手上握着一把大大的面包刀。坚硬的刀刃闪闪发光，使银幕几乎成为一片银白。

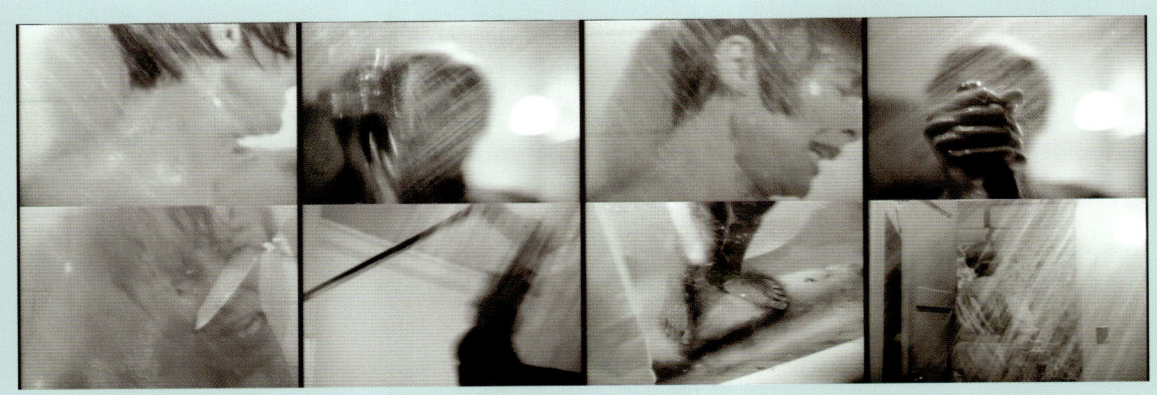

组合剪辑——电影《惊魂记》剧照

乱砍：

　　刀子一阵乱砍，好像要撕裂银幕、撕裂胶片。一阵撕心裂肺的尖叫之后，一切归于沉寂。然后传来可怕的撞击声，玛丽的身体倒在浴盆中。

组合剪辑——电影《惊魂记》剧照

反角度：

　　模糊的淋浴喷头喷出的水，白色、亮晃晃的。一只手把浴帘拉回去，观众依稀看见了凶手。一个女人，她的脸因疯狂而扭曲，披头散发，仿佛戴着凌乱的假发。切换到遮住了浴盆的浴帘，以及淋浴喷头

组合剪辑——电影《惊魂记》剧照

喷出的水流声,再从浴帘横杆的上方看去浴室门又一次被打开,过了一会,出现门砰地关上的声音。

切到:尸体

一半在浴盆里,一半在浴盆外,头部着地,贴在地板上,头发湿漉漉的,一只眼睛瞪得很大,胳膊弯曲在地板上。浴盆侧面,很多细细的血线沿着瓷浴盆汇集,变浓变深。摄影机对着尸体,拉开,慢慢穿过浴室,经过卫生间,出来到了卧室。摄影机向床靠近,折好的报纸被玛丽放在了床头桌上。

楼梯间场景

组合剪辑——电影《惊魂记》剧照

第二次谋杀的拍摄和剪辑完全不同。焦点不再集中于谋杀的残忍方面,而是受害者是否会被杀害。因此,这是一个悬念场面,观众的注意力被导向谋杀之前的时刻,而不是谋杀本身。第二次谋杀使用的是长镜头。一旦观众和受害者意识到受害者将被杀害,这场戏就结束了。尽管事实上两次谋杀的方法是一样的,但是剪辑制造了两种完全不同的情绪反应。

切换是一种分离,但同时也是一种组合。1959年,希区柯克接受加拿大广播公司的电视采访时如是说。

四、场面调度

场面调度来自法语,含义是"放置在场景中",最早用来描述电影中的形体创作,而如今是指在持续运转的摄影机前完成情节动作的场面。通过调度、镜头推拉和摄影机运动而不是切换来形成新的结构。场面实时拍摄成一个不间断的镜头,自成一体,不需要剪辑的帮助。

电影《惊魂记》的淋浴场景之后,切换变成了场面调度。诺曼从她母亲的房子里冲到玛丽被杀的小屋。进入小屋后,摄影机跟着诺曼,诺曼走来走去思考着如何处理尸体。

电影《惊魂记》片段:
外景　小路　夜
诺曼迎面朝摄影机走来。他直往前走形成一个大特写,脸上是惊惶可怖的表情。他跑过的时候,摄影机摇摄,诺曼朝门廊跑去,然后快速地沿着门廊走进玛丽的房间。

场面调度——电影《惊魂记》剧照

当诺曼进入另一个小屋拿出看门人的工具时,摄影机在门外持续拍摄,直到他带着拖把和水桶回来。诺曼再次进入小屋,把尸体拖到塑料布上,接着用拖把拖洗浴盆,最后拉着尸体离开。导演改而采用场面调度来获得他所需要的效果。

场面调度——电影《惊魂记》剧照

内景　玛丽的小屋　夜

诺曼在门口停顿了一下，匆匆扫了一眼房间，然后倾听……摄影机摇下，他在浴室门口边的卧室地板上展开浴帘，使浴帘的一边挨着浴室门槛，轻轻地铺展在瓷砖地板上。然后诺曼再次进入浴室，摄影机上摇，他仔细地忙活着，双臂伸开，轻轻地把尸体拉出浴盆，拖着尸体穿过瓷砖地板，拉到卧室中展开的浴帘上。

淋浴场景的快速组合剪辑给人增添了混乱和无序的感觉，随后场景中的场面调度镜头使观众感觉恢复了常态。镜头是缓慢进行、实时拍摄的流畅的长镜头。然而，画面内容却是诺曼小心翼翼地展平塑料布装裹玛丽的尸体，然后用看门人的拖把拖洗浴盆里的血迹，这些动作非但没有使观众平静下来，反而强化了恐惧感。

剧情：

玛莉莲是在亚利桑那州凤凰城的上班女郎，一天，老板让她带四万元现金到当地的银行存款，玛丽莲在一时冲动之下卷款逃离小镇。途中，她住进路旁的贝兹汽车旅馆休息，就在玛丽莲吃完晚餐回到房间准备洗澡的时候，一个离奇恐怖的故事即将发生……

珍妮特·李·维拉·迈尔斯　国家：美国 1960 年
编剧：罗伯特·布洛克　主要演员：安东尼·博金斯、
电影《惊魂记》　导演：阿尔弗雷德·希区柯克

五、交叉剪辑

交叉剪辑是指两个场景按顺序拍摄，但以在两个场景之间来回切换呈现。交叉剪辑给人一种两个情节在不同地点同时发生的感觉。交叉剪辑经常出现在第三幕，用以形成高潮场面。这种纯粹情绪化的方法，现在几乎已经滥用到令人厌烦的程度了，但是不能否认交叉剪辑是迄今为止建构影片结尾最有效的方法。

电影《无间道》中黄警督被杀片段就是以这种方式构成的。交叉剪辑的最终目的是通过对疑问的持续强化给观众创造最大的刺激张力。

交叉剪辑——电影《无间道》剧照

六、分割画面

分割画面可以在同一画面中展示两个镜头。就像交叉剪辑一样,分割画面也制造出动作同时发生的感觉。分割画面经常被用来表现交谈,比如电影《我的野蛮女友》。

在恐怖电影中也常会采用分割画面,然而它的用处并不局限于类型片。昆汀·塔伦蒂诺在电影《杀死比尔》中也使用了分割画面。

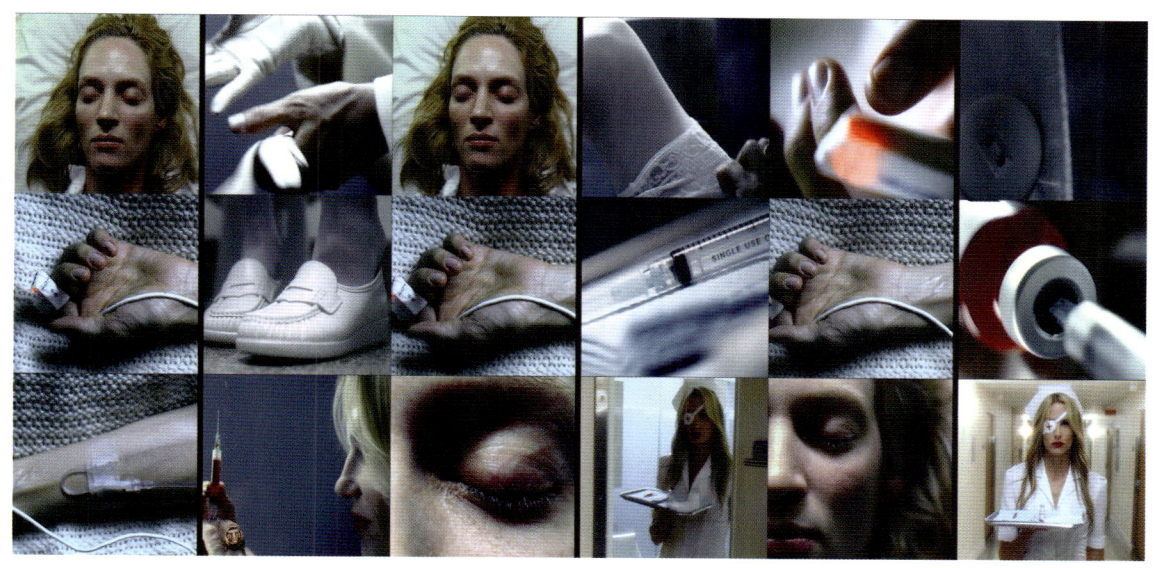

分割画面——电影《杀死比尔》剧照

电影《杀死比尔》中,"黑色曼巴蛇"在医院的病床上昏睡。由于她在残忍的屠杀中意外存活了下来,杀手便又找来。当杀手装扮成护士朝瑟曼的病床走去时,影片转换成分割画面。通过分割画面的使用,既能看到瑟曼不省人事地躺在病床上,也能同时看到正在逼近的杀手。

分割画面把受害者和杀手放在同一画面内,这暗示了她们即将有身体上的接触。观众看到一支致命的皮下注射针头似乎靠近昏迷受害者的胳膊,杀手想把毒液注射到她体内。通过这种方式,导演利用了分割画面提供的时空弹性,强化了该场戏的悬念。

七、叠化

叠化使一个镜头融入另一个镜头。叠化的实现在光学上是第一个镜头渐消的同时第二个镜头渐显。叠化软化了切换,通过两个画面的融合使两种思想联系在一起。在这个例子中,多个画面通过叠化的使用被连接在了一起。叠化提供了无尽的戏剧可能性,经常被用来表现时间的流逝。

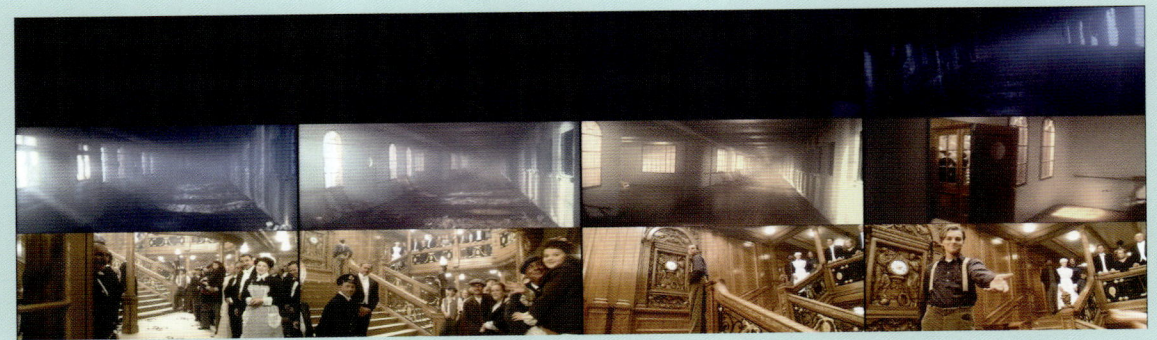

叠化——电影《泰坦尼克号》剧照

八、延长的匹配叠化（时间过渡）

画面匹配剪辑可以用硬切或叠化来进行连接。叠化即一个画面淡出时下一个画面进入，这使得镜头过渡变得平滑。延长的匹配叠化使得两个画面（或更多）在较长的时间内匹配。这加强了过渡的柔和，制造了梦幻的感觉。

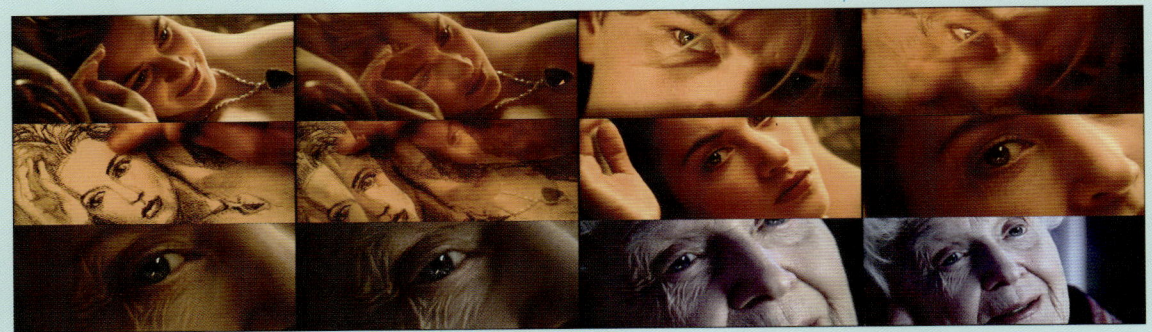

延长的匹配叠化——电影《泰坦尼克号》片段

在电影《泰坦尼克号》中，利用魔幻般的"双重匹配叠化"，把主角罗斯的炭笔素描变成年轻罗斯的特写。然后利用她眼睛的特写作为新的起点，开始了第二系列的匹配叠化，使罗斯从一个20岁的女子变成了100岁的老妪。较长的叠化使得画面间的切换变得平滑，让人觉得变老的过程和时间过渡是无缝的、可感知的。

剧情：

1912年，载着1316名乘客和891名船员的豪华巨轮"泰坦尼克号"与冰山相撞而沉没。为了寻找1912年在大西洋沉没的泰坦尼克号和船

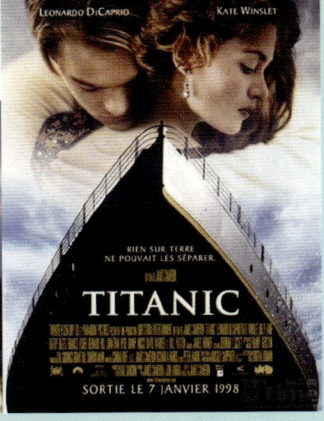

电影《泰坦尼克号》 导演：詹姆斯·卡梅隆
主演：莱昂纳多·温斯莱特　国家：美国 1997年

上的珍贵财宝,寻宝探险家布洛克从沉船上打捞起一个锈迹斑斑的保险柜,里面完整保存了一幅佩戴着钻石项链的年轻女子的素描,这一消息在电视新闻里引起了一位百岁老妇人的注意。已经是102岁高龄的罗丝声称她就是画中的少女,随即乘直升飞机赶到布洛克的打捞船上。在这里,罗丝开始叙述起了她当年的故事。

九、跳切

跳切的目的是用画面或突如其来的声音变化刺激观众。像很多其他技巧一样,跳切强调了场景。然而,跳切的目的是给观众创造一种震撼的、不舒服的感觉。必要时候使用会比较有效。如果它的出现在观众的预期之中,就会变得毫无新意。

在电影《美国美人》中,同时使用了视觉和听觉跳切来表现主角莱斯特·伯恩哈姆在郊区住所的酣睡。虽然视觉暗示被导演削减了许多,但所有的故事元素都被保留了下来。这个跳切在视觉上是从航拍的全景镜头切换到时钟的特写,而同时听觉上又从寂静无声切换到闹铃声大作,这一突变也将强化了这个跳切。

跳切——电影《美国美人》

从全景镜头切换到大特写也是一种跳切。效果就如一声响亮的视觉"巨震"。这种跳切是通过违背观众的视觉期望来震撼观众的。电影《疾走罗拉》中,用钱袋和电话话筒间频繁的跳切来转场,使时空从现在的街道回到四十分钟前罗拉的房间。

跳切——电影《疾走罗拉》剧照

注：另一种跳切方法是把快速运动镜头和静止镜头接在一起。观众的感觉就像是坐在加速前进的火车上，然后突然撞上了水泥墙。

剧情：

德国柏林，黑社会喽罗曼尼打电话给自己的女友罗拉，告诉她：自己丢了10万马克，20分钟后不归还，他将被黑社会老大处死。为了得到10万马克和营救曼尼，罗拉在20分钟之内拼命地奔跑。同时，曼尼不断地打电话到处借钱。

罗拉营救曼尼游戏般的出现了三个过程和三种结果。第一次奔跑：罗拉没有借到钱，她和曼尼抢超市并被警方击毙；第二次奔跑：罗拉在银行抢到钱，曼尼却被急救车撞死；第三次奔跑：罗拉在赌场赢钱，曼尼找回了丢失的钱。罗拉、曼尼成为富人。

电影《疾走罗拉》 导演：汤姆·提克威
国家：德国 1998 年

十、场景转换（声音和画面）

一个场景结束而另一个场景开始，这之间的时刻叫做转换。每个场景转换都给编剧和导演提供了利用场景组接的特性来传达故事信息的机会。场景可以在没有明确意图的情况下简单地接在一起，也可以通过建构增加故事元素。匹配转场是利用这个时机的方法之一，一般来说，匹配转场是把即将过去的镜头与即将到来的镜头"匹配"，这通过无限种方式来实现，也可以通过声音来完成。

1. 中断的匹配剪辑（画面）

中断的匹配剪辑是指两个匹配的镜头被另一个镜头分离开来。中间这个镜头几乎不会造成前后两个镜头结合力的损失。当这个外来镜头的画面在视觉上合拍时，观众依然会把前后两个镜头联系起来。

中断的匹配剪辑——电影《无间道》剧照

2. 画面匹配剪辑（思想）

思想的匹配剪辑是指当两个镜头剪辑在一起时，通过并置暗示了第三种想法。新的思想是前两个镜头共同作用的结果。

在《美国美人》中，莱斯特已近中年，工作并不很顺畅，而此时妻子却和他争吵着房子和车子的价钱。就在这个时候，莱斯特两口子去观看了女儿的表演。女儿的一个同学竟让莱斯特浮想联翩。* 镜头1：莱斯特去观看女儿的表演，女儿的一个同学竟让他产生了幻想。

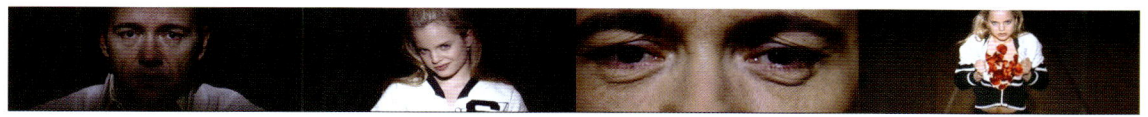

画面匹配剪辑——电影《美国美人》剧照

* 镜头 2：莱斯特的第二次性幻想。

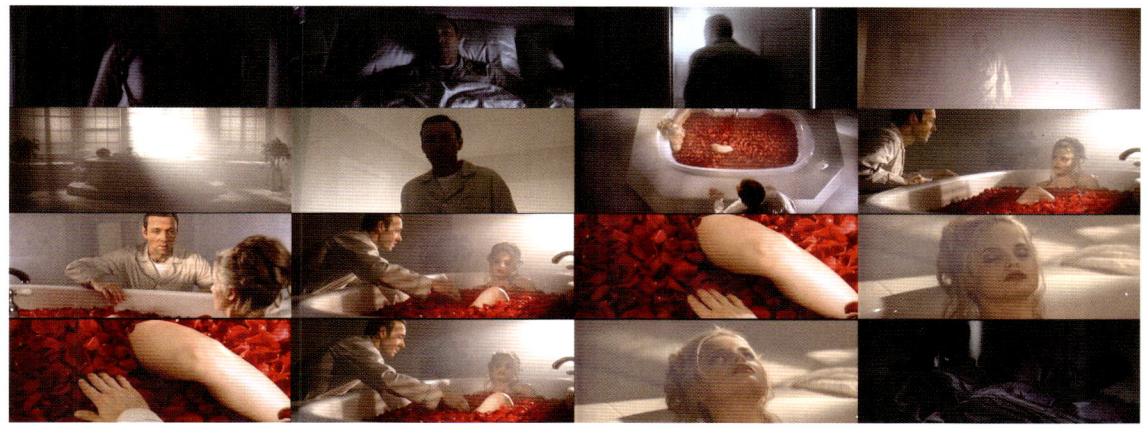

画面匹配剪辑——电影《美国美人》剧照

3. 画面匹配剪辑（动作）

动作匹配剪辑表示两个场景的画面通过动作的相似而匹配起来。在电影《2001：太空漫游》中，动作匹配实现了时间压缩。

画面匹配剪辑——电影《2001：太空漫游》剧照

* 镜头 1-2：这个段落的最后一个画面是一个史前猿人把一根骨头抛向空中。
* 镜头 3-6：转动上升的骨头（动作）和下一场景中正在飞行的太空船（动作）匹配。

开场是一个引人入胜的描述人类进化历程的段落。仅仅用了一个匹配剪辑，就从史前猿人转入了太空时代。这是动作匹配剪辑的精妙运用，通过动作匹配剪辑获得的闪前进行时间压缩。

4. 匹配的声音延续

匹配的声音延续是指当两个相似或匹配的声音相继出现时形成一种新的含义。对于声音部分，即将消失的声音会被铺在即将出现的声音之上，类似匹配的画面叠化。

匹配的声音延续——电影《美国往事》剧照

电影《美国往事》中，开场的电话铃就是一种典型的匹配的声音延续效果。

5. 声音连接

声音连接是指场景中即将消失的声音延续到下一个画面或镜头中。在使用声音连接的时候，用来连接的声音在两个镜头或场景中都是可听的。在电影《爱神》中，年轻的裁缝从等待交际花华小姐到见到交际花华小姐这一过程，镜头画面全是用声音连接。

声音连接——电影《爱神》剧照

剧情：

这是一部三段式爱和性主题的电影，由米开朗基罗·安东尼奥尼《危险临界点》、史蒂文·索德伯格《平衡》和王家卫《手》三位导演拍摄的短片组成。

《手》讲的是 1960 年代的香港，年轻的裁缝多年不计回报地爱着交际花华小姐的故事，影像华丽，充满了质感又略带伤感。《平衡》的故事发生在 1950 年代的纽约，广告人尼克·彭罗斯总是被春梦困扰，只得向他的心理医生珀尔求助。这是一部颇有自嘲意味的幽默喜剧。《危险临界线》则是以安东尼奥尼一向关注的现代社会中的男女关系为主题，哲学味道浓烈。

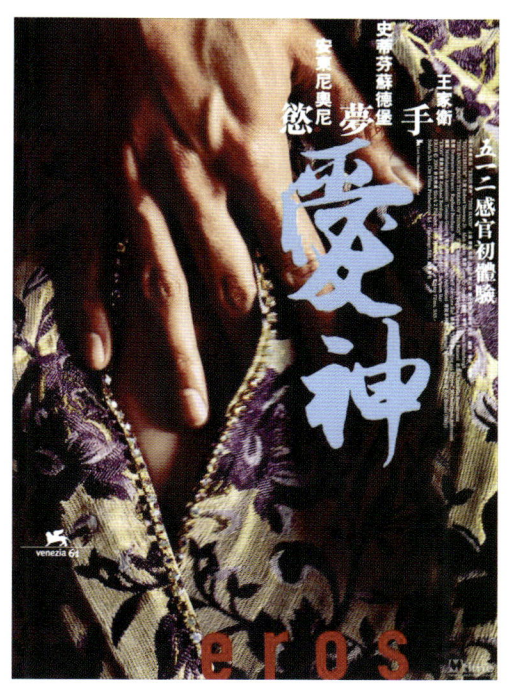

电影《爱神》 导演：王家卫、史蒂文·索德伯格、米开朗基罗·安东尼奥尼 国家：美国 2004 年

电影《美国往事》 导演：瑟吉欧·莱昂
主演：罗伯特·德尼罗、詹姆斯·伍兹、珍妮弗·康纳利
国家：美国 1982 年

剧情：

二十年代的美国，绰号"面条"的纽约少年和麦克斯等几个同龄朋友从事走私活动。不久，面条在一场械斗中杀伤人命，被关进监牢。

若干年后，面条被释放出狱，他和麦克斯等当年的小伙伴们重操旧业，开始了一系列的抢劫、盗窃、敲诈活动。随着犯罪活动的不断深入，麦克斯似乎被胜利冲昏了头脑，竟然把美国联邦储备银行也列入了行动目标。有过铁窗经验的面条不忍眼看好友走向毁灭，偷偷打电话报警，想逼迫麦克斯收手。警察与面条的朋友展开激烈枪战，麦克斯等人全部被杀。面条在极端的悔恨与痛苦之下，离开了自己生长的地方，离开了心爱的姑娘，远走他乡。

几十年后，几近垂暮的面条潦倒回乡，意外发现原来当年的一切都是麦克斯的精心策划。他借面条和警察之手除去伙伴，自己则金蝉脱壳，吞没了团伙的巨款，改头换面之后跻身政界，成为上层社会的名流……

十一、场景内的时间变化

观众往往会预期一个场景内的时间转变：一个女人打开电梯门上楼，只是看到她在上升的电梯中，然后切到她进入位于 35 楼的律师办公室。这是一个加快时间的常用剪辑技巧，也可以通过切换到多个反应或是插入镜头来减慢事件的进程。在电影《疾走罗拉》中，导演不漏痕迹的处理了三次转场。

* 转场一：罗拉的房间到走廊。

转场一的处理比较简单。罗拉打开门，摄像机（斯坦尼康镜头）跟随罗拉的跑动，直接从场景——罗拉的房间冲到了场景二——走廊。

场景内的时间变化——电影《疾走罗拉》剧照

* 转场二：走廊到母亲房间。

转场二是伴随着罗拉的动势和速度完成的。摄像机(斯坦尼康镜头)先是跟随罗拉在走廊中跑动,罗拉经过母亲房间的时候,母亲在房间中叫罗拉,罗拉向左冲向楼梯。摄像机没有向左继续跟随罗拉,而是随着母亲的声音,向右进入了母亲的房间。转场二由一个长镜头完成,自然、巧妙、漂亮。

* 转场三：母亲的房间到楼梯。

从走廊进入母亲房间后,摄像机(斯坦尼康镜头)延续前面的运动,在母亲身边转动一圈,接着推向母亲正前方的电视机。这时电视机中正在播放动画片,动画片的内容类似下一个场景——场景四(楼梯)发生的事情：罗拉奔跑着下楼,罗拉遇到恶男、恶狗。

十二、闪回和闪前

场景间的时间变化较少有弹性。尽管单独的一个闪回或闪前一般不是问题,但在全片中持续交织不同的时期,难度就大得多。

通过叙述者,小说家可以在一个单独的段落里表现人物对过去或未来梦想的沉思。之后对记忆中的语言或想象中的未来动作的闪回可以在整个故事中持续出现。这就落入了读者的期待中。

要在电影中实现这些是相当难的,除非导演借用了小说家的叙述者或使用额外的解说。即使导演选择叙事或语言较多的段落来回切换,时间上来来回回的切换还是会在视觉上显得凌乱。

尽管存在一定的难度,闪回和闪前还是提供了很有用的效果。

1. 闪回是小说和戏剧中的基本技巧

闪回的目的在于给观众补充重要的背景故事。在电影中用得相对比较保守,因为闪回有可能使观众游离于往前发展的情节。确实,闪回是一个"会吸引注意力的工具",但是否能够达到效果,完全依赖于它的艺术表达。

对于导演来说,背景故事是一个相当棘手的问题。如果不放手使用解说,表现过去的方法极为有限。闪回是解决这个问题的一个方法。

闪回使用是否成功的关键在于它是否推进了情节往前发展。如果使得电影情节人为地停滞下来,或明显地只是信手拈来,那么观众就会不接受它。

在电影《无间道》中,主角陈永仁和黄警督在天台会面,黄警督责问陈永仁是否知晓自己是警察的时候,陈永仁的过去一幕幕闪过。

闪回和闪前——电影《无间道》剧照

2. 闪前即切换到未来

由过去开始闪前到现在,或是由现在开始闪前到未来。这里的未来可以是真实的,也可以是虚构的。闪前经常在较慢的叠化协助下让观众对时间转换有心理准备。

闪回和闪前——电影《跟踪》剧照

在电影《跟踪》中,陈重山发现何家宝跟踪他的闪回片段在惯用手法之上加以创新,既成为场面的有机成分,也很具戏剧性效果。

剧情:

刑事情报科跟踪队队长黄文展带领着新人何家宝和几名队员正跟踪一名珠宝劫案疑犯。他们的跟踪对象陈重山曾策划多起打劫行动,对警察有强烈的警觉,多次成功避过警方的追捕。尽管天网恢恢,"狗仔队"的监视网正一步一步向陈重山收紧,但陈重山的行动却总是出乎他们的意料之外。在繁忙的香港闹市中,一场猫捉老鼠的游戏没完没了地进行着……

电影《跟踪》 导演:游乃海 编剧:游乃海/欧健儿
主演:梁家辉、任达华、徐子珊
国家:中国香港 2007 年

十三、时间扩展

观众期望时间像自身经历的那样呈现,破坏观众的期望却可带来创造性的机会。改变时间可以通过很多种方式实现。在电影《无间道》中,定调被用来加快时间并外化主角对于新环境的焦虑。

时间扩展——电影《无间道》剧照

在同一个场景内改变定调有助于把场景分为不同的部分,并且(或者)把人物划分在不同的世界。

十四、时间对比(定调和交叉剪辑)

通过两个场景的交叉剪辑,可以创造一些戏剧性的时间对比效果。例如,影片《末路狂花》开场中的交叉剪辑,交代了塞尔玛和路易丝的职业选择,建立了一种对比。后来,两个女人收拾东西时的来回切换镜头更进一步外化了她们的个性差异。

交叉剪辑还可以加快节奏、强化悬念。以电影《低俗小说》"肾上腺素注射"戏的序幕为例。场面:文斯驾车向他的毒贩朋友家疾驶而去,深恐坐在汽车前排上的老板妻子米娅因吸毒过量丧命。冲突:文斯非常需要毒品贩子的帮助,但是毒贩兰斯却让文斯屡屡碰壁。

时间对比——电影《低俗小说》剧照

文斯驾驶着他的汽车转了个圈进入画面，朝摄影机驶来。

文斯的大特写，他的头充满了画面。他望向银幕的左方，位置从未发生改变。他看起来就像是出膛的炮弹。

时间对比——电影《低俗小说》剧照

时间对比——电影《低俗小说》剧照

然后镜头切到兰斯的房子，毒贩兰斯有些醉意地大嚼着早餐食品，同时还正对着电视上的老式闹剧发笑。

时间对比——电影《低俗小说》剧照

兰斯的镜头比较广而松，开头是场面调度。兰斯懒洋洋的举止，再加上散乱的起居室，这让人觉得这场戏没有焦点。兰斯穿着睡袍慢慢地朝电话机走去。全景镜头和慢腾腾的动作使悬念达到顶峰。兰斯略带醉意的举止及他好斗勇狠的天性进一步强化了悬念。

然后两个场所而来回切换。每次切换到兰斯的房间，文斯都希望得到合适的答案，但每一次都被画面和兰斯的反应所延误。这使得文斯越来越绝望，兰斯越来越好斗。兰斯的镜头比较长，结果和长效却徒劳无功。文斯的镜头快而紧凑，视觉上处于支配地位。交叉剪辑的戏剧价值在这里是建立悬念。

剧情：

《低俗小说》由"文森特和马沙的妻子"、"金表"、"邦娘的处境"三个故事组合而成。一个小餐馆中，一对鸳鸯小贼"小南瓜"和"小兔兔"灵光一闪打起了抢劫餐馆的主意，三两句简单的意见交换后，两人利索地拔出手枪跳上餐桌开始了抢劫。同时，文森特和朱尔斯这两个打手在杀人，拿到手提箱后，意外在车内走火打死一个小弟，匆忙处理车内狼藉现场，随后去餐馆吃饭碰巧遇上这一对鸳鸯小贼。

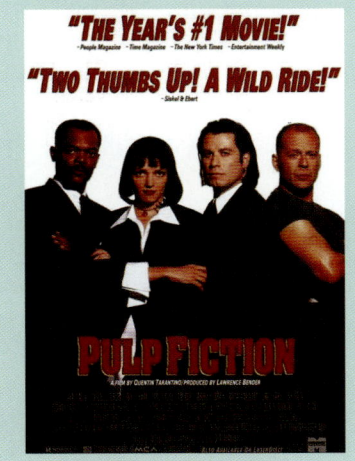

电影《低俗小说》
导演：昆汀·塔伦蒂诺
国家：美国 1993 年

文森特奉命陪老大老婆散心，之后在执行任务时被后来的拳击手送上了西天。

拳击手收受了黑帮老大的贿赂却没有按合约输拳而招致黑帮追杀，逃命的途中拳击手杀掉了黑帮打手文森特，并和黑帮老大意外邂逅，两人扭打至一二手货铺，却被店主黄雀在后般地将两人一同拿下，准备与同性恋朋友一同分享，随后拳击手奋勇杀出并于危难中解救了老大，于是两人恩怨就此勾销。

十五、定格

定格是指在银幕上把一格画面"冻结"住。它通过重复印制同一画格，然后连续播放它们来实现。在活动画面中分离出一幅画面，然后让观众像看照片一样观看，这幅画面就呈现出肖像的感觉。

在电影《杀死比尔》里面，当乌玛·瑟曼回忆起被枪击的时候，人物被定格。通过"冻结"这个时刻，暗示此时的内容需特别注意。

定格——电影《杀死比尔》剧照

电影《末路狂花》中塑造了观众喜欢却最终死去的主角。结尾处，镜头把人物定格，并没有让观众们喜爱的人物面对他们生命中最后的（死亡）时刻，这样他们就获得了永生。

通过"冻结"画面，定格可以及时使人物或动作停止。虽然观众可以猜想接下来将会发生什么，但是却并不那么确定，事件将永不被揭露，人物也永远不会长大、变化或死亡。通过使人物定格，可以使人物脱离时间的影响。在影片的结尾使用定格，可以给观众一个最终的视觉画面，一种观众可以带走的标记总结。

剧情：
杀手黑响尾蛇曾经是致命毒蛇暗杀小组的一员，企图通过结婚脱离血腥的生活。但是她的前同僚以及所有人的老板比尔的到来破坏了这一切。身受重伤的她4年后在一家医院醒来，开始着手一次从得克萨斯到冲绳、东京以及墨西哥的复仇之旅……"

电影《杀死比尔》 编剧/导演：昆汀·塔伦蒂诺
国家：美国 2003年

十六、视觉提示

视觉提示是指早前出现的视觉符号对故事将要发生的情节的暗示。下面是电影《无间道》对视觉提示技巧的运用。

场景黄警督在监听时手指弹动和陈永仁在交易现场的窗口手指的弹动，通过影片前面部分的"影戏"得到过暗示。这个"影戏"的动作和后来的情节点（陈永仁和黄警督用摩斯密码交换情报）如出一辙。虽然第一个场景设置了这个提示，但观众在第二个场景进行呼应之后才会意识到。

视觉提示——电影《无间道》剧照